城市风环境 CFD 模拟技术指南

Guidebook for CFD Predictions of Urban Wind Environment

[日] 日本建筑学会　编著

韩梦涛　译

U0233140

中国建筑工业出版社

著作权合同登记图字：01-2024-5979 号

图书在版编目（CIP）数据

城市风环境 CFD 模拟技术指南 = Guidebook for CFD
Predictions of Urban Wind Environment / 日本建筑学
会编著；韩梦涛译 . -- 北京：中国建筑工业出版社，
2024.1
ISBN 978-7-112-28496-2

Ⅰ . ①城… Ⅱ . ①日… ②韩… Ⅲ . ①建筑设计—风
—环境设计—指南 Ⅳ . ① TU-856

中国国家版本馆 CIP 数据核字（2023）第 248210 号

GUIDEBOOK FOR CFD PREDICTIONS OF URBAN WIND ENVIRONMENT
Copyright © 2020 Architectural Institute of Japan
Chinese translation rights in simplified characters arranged with
Architectural Institute of Japan
through Japan UNI Agency, Inc., Tokyo

本书由日本建筑学会授权我社独家翻译、出版、发行。

责任编辑：戚琳琳　刘文昕
责任校对：赵　力

城市风环境 CFD 模拟技术指南
Guidebook for CFD Predictions of Urban Wind Environment
[日] 日本建筑学会　编著
韩梦涛　译
*
中国建筑工业出版社出版、发行（北京海淀三里河路 9 号）
各地新华书店、建筑书店经销
北京雅盈中佳图文设计公司制版
建工社（河北）印刷有限公司印刷
*
开本：787 毫米 ×1092 毫米　1/16　印张：$13\frac{1}{2}$　字数：304 千字
2025 年 1 月第一版　2025 年 1 月第一次印刷
定价：**69.00** 元
ISBN 978-7-112-28496-2
　（42168）

写在中文版出版之际 ①

　　本书是以日本建筑学会环境工学总委员会和空气环境运营委员会旗下的室外空气环境小组为中心，于2020年发行的《都市の風環境予測のためのCFDガイドブック》一书的中译版。关于本书的出版经过，请见"本书的目的及构成"章节。此次有幸被翻译成中文版发行，对原著者们来说，非常光荣，不胜喜悦。

　　本书原著是以日本读者为受众而执笔完成的，也许有些许地方与中国的情况不符，但本书的内容集基于流体数值模拟的城市街区风环境预测相关尖端研究成果之大成，我们相信对中国的技术人员和研究人员来说也十分有效。希望本书能对改善中国各城市的城市风环境及解决风相关的环境问题有所帮助。并期望以中译书的出版为契机，日本和中国在该领域的技术以及研究人员的交流更上一层楼。

　　最后，借此机会向提议并主导本书中文版翻译工作的韩梦涛博士及致力于本书出版的各位，深表感谢。

全体作者

2023 年 3 月

---

① 此为中文版出版序言，由原著作者之一的富永祯秀博士（Dr. Yoshihide TOMINAGA）代表原著全体作者用日文写就。——译者注

译者序

我与本书可谓缘分颇深。2016年我在日本东京大学攻读博士学位时，导师大冈龙三教授和副导师菊本英纪副教授就建议以本书的2007年版（当时2020年版尚未出版）[①]作为建筑环境CFD模拟的入门教材。我基于本书系统学习了城市风环境CFD模拟的基本流程与关键要点。我的博士课题尽管是格子玻尔兹曼法在建筑与城市风环境中的应用与开发，但本书中的城市风环境的模拟流程、物理机理和注意事项等真知灼见，都对我博士研究工作的顺利开展起到了重要作用。期间，我还有幸参与了本书2020年版部分案例的模拟计算，故当我在日本建筑会馆参加2020年版的首发式时，激动的心情可想而知。2020年版发布后，迅速成为日本建筑与城市风环境CFD模拟领域的重要工具书。本书系统总结了室外及城市风环境模拟的主流方法及其实施要点，具有较高的学术性和实用性。尽管本书原以日本国内读者为目标，我认为其对我国的建筑与城市风环境CFD工程及研究人员也具备较高的参考价值，故将其翻译成中文出版发行，期望能对国内同行有所帮助。

在翻译过程中，尽可能尊重原著的表达方式，同时考虑到我国读者的阅读习惯，将书中出现的一些涉及日本文化独特的名词以脚注的方式加以解释，便于理解。同时，原书中存在一些以非亚洲国家人名命名的定理、公式、法则等的日语音译，我将其翻译成中文的同时以脚注的形式亦将其英文也一并标出，以供读者参考。原书中的些许疏漏，经征询原作者后以脚注形式加以勘误。将数式中的符号表达方式按照我国习惯进行了修改，即变量用斜体表示，常量和其他标识符用正体表示，向量、张量等用粗体表示。此外，原书每个篇章后附的参考文献中包含了大量日本本土的日语文献，翻译过程中保留了这些文献及其作者的日语名称，以便有需要的读者进行检索。

本书在翻译过程中得到了日本建筑学会和原书全体作者的大力支持，特别是新潟工科大学的富永祯秀教授和东京大学生产技术研究所菊本英纪副教授对本书中文版翻译与发行的促成起到了关键作用，菊本英纪副教授对本书的具体翻译工作还提供了大力支持和宝贵意见，在此向他们表示衷心感谢。本书的出版得到了国家自然科学基金项目(52208059)及华中科技大学建筑与城市规划学院的部分经费资助，并得到了中国建筑工业出版社戚琳琳和刘文昕两位编辑的支持。在翻译过程中译者还得到了研究生胡一帆和张斯清的大力协助，在此一并表示由衷感谢。

因译者水平有限加之时间仓促，翻译过程中难免出现纰漏，敬请读者批评指正。

韩梦涛

2023年3月

[①] 关于2007年版和2020年版，请参考后文的"本书的目的及构成（原著前言）"。——译者注

本书的目的及构成（原著前言）

随着计算机性能的快速发展和流体分析软件的普及，CFD（Computational Fluid Dynamics，计算流体力学）作为强大的流体力学分析工具，在各工程领域得到广泛应用。包括 CFD 在内，在使用数值模拟时最重要的是要保证结果的可靠性。为此，近年来各应用领域的指南（Best Practice Guidelines）的制定及以各学术团体和学术期刊为主体的 Verification and Validation（V&V）流程的标准化也在不断推进。

1997 年，日本建筑学会在环境工程委员会空气环境分委会中成立了"风环境数值模拟 WG"工作组，随后历经"基于流体数值模拟的风环境评价指南讨论 WG（2001—2002）"、"基于流体数值模拟的风环境评价指南制定 WG（2003—2004）"等名称变更，为了制定适用于风环境预测的流体数值模拟指南而不断推进。2007 年，我们出版了《城市风环境预测的流体数值模拟指南——模拟导则及验证数据库》一书，对使用数值模拟分析预测城市风环境的注意事项和验证模拟精度的方法进行了说明 [1, 2]。该书在对各种建筑形态进行基准模拟测试的基础上制定了模拟导则，并提供了验证用的数据库。幸运的是，该书在日本和海外都引起了很大的反响，其推荐使用的实验数据库 [3, 4] 自创建以来访问量已超过 1 万次，并被许多论文用作 CFD 验证的数据。

但是，该版几乎没有涉及 LES（Large-Eddy Simulation）在风环境问题以及浓度、温度等扩散问题上的应用。近年来随着用户对 LES 的兴趣日益高涨，有必要扩大该 2007 年版本的适用范围，丰富其内容。此外，随着商业软件和开源代码的普及，人们对典型边界条件的公式及其含义通俗易懂的解释的需求也在不断增长。基于以上几点，我们认为有必要制定新的 CFD 应用指南，以反映日本国内外在城市风环境模拟方面的最新研究动向。

本书正文部分由 4 篇构成，即"第 1 篇　城市风环境模拟的基础知识""第 2 篇　城市风环境预测的 CFD 模拟技术""第 3 篇　城市风环境预测的 CFD 应用指南"，以及"资料篇 CFD 模拟精度验证用实验数据库"。第 1 篇整理了实施城市风环境 CFD 模拟时应当了解的基础事项。第 2 篇概述了实施城市风环境预测和评价时必要的 CFD 模拟技术。此外，本书并非通用的 CFD 模拟方法教材，故第 2 篇仅涉及风环境预测与评价所必要的技术范围。至于 CFD 模拟方法的详细说明，市面上已经有较多的 CFD 模拟专业书籍可供参考。第 3 篇基于笔者等实施的基准测试结果及其他既往研究相关文献，总结了在进行城市风环境的预测与评价相关 CFD 模拟时的技术指南。资料篇则整理了用于验证 CFD 模拟精度的实验数据库相关概要。相关验证用数据库可在日本建筑学会主页进行下载，以供读者验证模拟代码精度，或验证模拟设定条件的准确性。

日本建筑学会

2020 年 1 月

参考文献

[1] 日本建築学会, 2007. 市街地風環境予測のための流体数値解析ガイドブック—ガイドラインと検証用データベース—. 日本建築学会.

[2] Tominaga, Y., Mochida, A., Yoshie, R., Kataoka, H., Nozu, T., Yoshikawa, M., Shirasawa, T., 2008. AIJ guidelines for practical applications of CFD to pedestrian wind environment around buildings, Journal of Wind Engineering and Industrial Aerodynamics, vol. 96, no. 10-11, 1749-1761.

[3] Yoshie, R., Mochida, A., Tominaga, Y., Kataoka, H., Harimoto, K., Nozu, T., Shirasawa, T., 2007. Cooperative project for CFD prediction of pedestrian wind environment in the Architectural Institute of Japan, Journal of Wind Engineering and Industrial Aerodynamics, vol. 95, no. 9-11, 1551-1578.

[4] Architectural Institute of Japan, AIJ Benchmarks for Validation of CFD Simulations Applied to Pedestrian Wind Environment around Buildings, September 26, 2016, ISBN 978-4-8189-5001-6.

本书编写相关委员会

（按日语五十音顺序排列）

环境工学总委员会

委员长　　持田　灯

干事　　　秋元孝之　　上野佳奈子　　大风　翼

委员　　　（略）

空气环境运营委员会

主任　　　大冈龙三

干事　　　金　勋　　樋山恭助

委员　　　（略）

企划刊行运营委员会

主任　　　岩田利枝

干事　　　菊田弘辉　　望月悦子

委员　　　（略）

新版风环境 CFD 指南刊行分委会（2019 年 3 月）

主任　　　富永祯秀

干事　　　菊本英纪

委员　　　池谷直树　　大风　翼　　小野浩己　　挟间贵雅

本书编写者

主编：

富永祯秀（Yoshihide TOMINAGA）

      日本·新潟工科大学（Niigata Institute of Technology，Japan）

大风　翼（Tsubasa OKAZE）

      日本·东京工业大学（Tokyo Institute of Technology，Japan）

菊本英纪（Hideki KIKUMOTO）

      日本·东京大学（The University of Tokyo，Japan）

编委：

池谷直树（Naoki IKEGAYA）

      日本·九州大学（Kyushu University，Japan）

今野　雅（Masashi IMANO）

      日本·株式会社 OCAEL（OCAEL Co. Ltd.，Japan）

小野浩己（Hiroki ONO）

      日本·电力中央研究所（CRIEPI，Japan）

田畑侑一（Yuichi TABATA）

      日本·株式会社大林组（Obayashi Corporation，Japan）

中尾圭佑（Keisuke NAKAO）

      日本·电力中央研究所（CRIEPI，Japan）

挟间贵雅（Takamasa HASAMA）

      日本·鹿岛建设株式会社（Kajima Corporation，Japan）

*各编写者所属单位，为原著出版之时（2020 年 1 月）

目　录

第1篇
城市风环境模拟的基础知识

第1章 CFD 模拟的流程及本书的构成

在开始 CFD 模拟之前，首先需要了解使用 CFD 对什么进行模拟。要明确我们要模拟什么物理现象，比如气流流动是否是主要对象，是否需要模拟风的压力，是否需要模拟热和物质的扩散等。其次，需要考虑描述目标物理现象的必要物理量（风速、风压、温度、浓度等），并确定所需求解的基本方程。再次，对于目标物理量而言，只用平均值和低阶统计量是否足以进行描述，抑或还需要考虑时序列数据、脉动量相关的高阶统计量及极值等，由此产生的对湍流模型的选择也十分重要。此外，模拟结果要求多大程度的可靠度，以及能够接受多少计算时间成本，这些都需要事先确认。在很多情况下，追求模拟的高精度和高可信赖度会增大模拟时间成本。对实施模拟的科研及工程人员而言，必须始终意识到现实允许的计算时间成本和模拟结果可靠性之间的妥协与平衡。

明确了上述几点后，一般可以按照图 1.1 所示的流程开展 CFD 模拟。本书第 1 篇整理了在对城市风环境进行 CFD 模拟时应当了解的一些基本事项。第 2 篇对各种模拟条件设定和模拟方法的确定进行了详细的技术解说，以作为帮助读者确定图 1.1 所示各个步骤中模拟条件和模拟方法时的参考。第 3 篇根据现有文献知识和笔者的基准测试，提出了使用 CFD 模拟预测城市风环境的技术指南。资料篇概述了可用于验证 CFD 模拟精度的各种实验数据库。

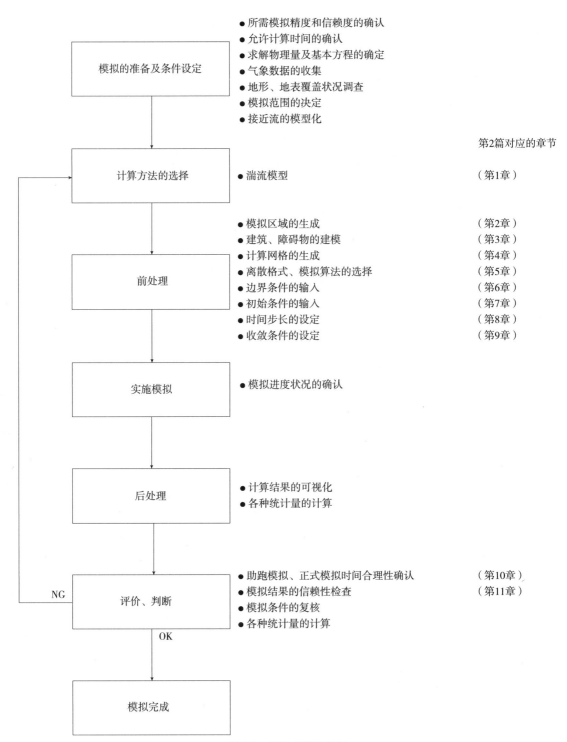

图 1.1　CFD 模拟的流程

第 2 章　城市风环境及其模拟方法概要

2.1　城市风的性质 [1-3]

2.1.1　大气边界层

受到地面物体的影响，地面附近的风特性主要在竖直方向发生变化，越接近地表的平均风速越小。这种竖直风速随地表条件而变化的情况可以用指数法则或对数法则表示，如图 2.1.1 所示。如通常可以采用式（2.1.1）表示的指数分布形式。

$$u\left(z\right)=u_{\mathrm{s}}\left(\frac{z}{z_{\mathrm{s}}}\right)^{\frac{1}{n}}=u_{\mathrm{s}}\left(\frac{z}{z_{\mathrm{s}}}\right)^{\alpha} \qquad （2.1.1）$$

$u\left(z\right)$：距离地面 z[m] 高度时的平均风速 [m/s]

u_{s}：作为参考基准的距离地面 z_{s}[m] 高度的平均风速 [m/s]

上式中的指数变量表示地表附近平均风速减小的程度，一般而言该值随着地表粗糙度的增大而增大。根据自然风的大量观测结果与地表粗糙度之间的关系，日本建筑学会编写的《建筑物荷载指南及解说》[4] 给出了地表条件（表 2.1.1）与指数 α 之间的关系，如表 2.1.2 所示。这里，z_{G} 是高空风的高度 [m]。

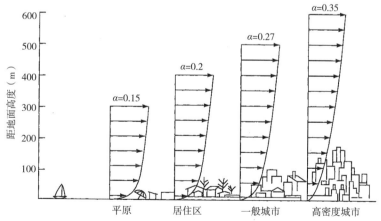

图 2.1.1　风沿高度方向的形态变化及地表条件 [3]

地表粗糙度分类概要[4]　　　　　　　　　　　　　　　表 2.1.1

地表粗糙度分类		目标地块及上风向区域的地表状况
平滑 ↑ ↓ 粗糙	I	几乎没有障碍物的地表，如海面或湖面
	II	田园、草原等只有农作物程度障碍物的地表，少量树木和低层建筑物散落的地表
	III	大量树木和低层建筑物存在的地表，或少量中层建筑物（四~九层）散落的地表
	IV	以中层建筑物（四~九层）为主的区域
	V	高层建筑物（十层以上）密集的城市

确定风速竖直分布风速的指数参数[4]　　　　　　　　　　表 2.1.2

地表粗糙度分类	I	II	III	IV	V
z_G[m]	250	350	450	550	650
α	0.1	0.15	0.2	0.27	0.35

在建筑领域，上述指数法则用于表示风速的竖直分布，但在气象学领域，当大气稳定度为中性时，常采用式（2.1.2）所示的对数法则。

$$u\left(z\right) = \frac{u_*}{\kappa}\ln\left(\frac{z}{z_0}\right) \tag{2.1.2}$$

其中，u_* 为摩擦速度，具有与风速相同的量纲，是与壁面剪应力对应的物理量；κ 是卡门常数，其值约为 0.4；z_0 称为粗糙度长度，它与地表的"几何粗糙度高度"（阻挡风的地面物体的平均高度）及其分布密度有关。表 2.1.3 显示了各种地表的 z_0 值。

各种地表的粗糙度长度[5]　　　　　　　　　　　　表 2.1.3

地表类型	粗糙度长度 z_0/m
水（广阔的静止表面）	$(0.1 \sim 10) \times 10^{-5}$
冰（光滑的表面）	0.1×10^{-4}
雪	$(0.5 \sim 10) \times 10^{-4}$
沙地，沙漠	0.0003
土	0.001~0.01
草地（草的高度 0.02~0.1m） 草地（草的高度 0.25~1.0m）	0.003~0.01 0.04~0.10
农地	0.04~0.20
果树园	0.5~1.0
森林	1.0~6.0
大城市（东京）	2.0

2.1.2　城市风的统计学性质

（1）平均风速、瞬时风速及湍流强度

风是用风速和风向描述的向量。风速和风向都在不断变化，这种随时间变化的各个瞬间的风速称为瞬间风速（或瞬时风速）。风速的变化如图 2.1.2 所示，可以根据式（2.1.3）所示，分解为平均风速和脉动风速。

$$u=U+u' \qquad\qquad （2.1.3）$$

式（2.1.3）中，u：瞬时风速 [m/s]

　　　　U：平均风速 [m/s]

　　　　u'：脉动风速 [m/s]

平均风速 U 由式（2.1.4）定义。

$$U=\langle u \rangle = \frac{1}{T}\int_0^T u\,(t)\,\mathrm{d}t \qquad\qquad （2.1.4）$$

平均时间 T 有时也称为观测时间或采样时间，可根据不同目的以不同方式进行选择。在日本，平均风速一般是指 T=10 分钟内的平均风速。脉动风速的大小通常用标准差 $\sigma_\mathrm{u}=\sqrt{\langle u'^2 \rangle}$ 表示。此外，σ_u/U 称为湍流强度，通常以百分比表示。

（2）最大瞬时风速及阵风系数

一定观测时间内瞬时风速的最大值称为最大瞬时风速（u_max）。在具有统计平稳特性的湍流风中，往往会出现的 u_max 值随着观测时间的增加而变大的趋势。此外，如图 2.1.2 所示，虽然 u_max 是瞬时值，但实际测量出的 u_max 是根据不同测量设备的响应程度决定的微小时间 [s] 内的平均值。这个微小的平均时间被称为评价时间 [s]。

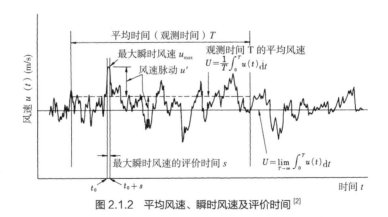

图 2.1.2　平均风速、瞬时风速及评价时间 [2]

阵风系数（G.F., gust factor）表示最大瞬时风速与平均风速之比，由式（2.1.5）定义。

$$\mathrm{G.F.}=\frac{u_\mathrm{max}}{U} \qquad\qquad （2.1.5）$$

G.F. 的值与湍流强度 σ_u/U 密切相关。从气象台获得的风速数据通常是平均风速，如果希望了解瞬时风速则可以用 G.F. 进行估算。大气高空的 G.F. 约为 1.3~2.5，地面附近约为 1.6~4.0。在高层建筑等附近，G.F. 的值随着风速的增加而减小，当风速增大到一定程度后，G.F. 将达到稳定。相关参考文献 [6, 7] 详细介绍了平均风速与 G.F. 之间的关系。在后文中我们将提到，当使用基于当日最大瞬时风速超过频率的风环境评价尺度时，应当注意结果受 G.F. 的设置方式影响很大。此外，如果可以通过风洞实验直接测量或用数值模拟的方式直接分析得到瞬时风速，则可以在不依赖 G.F. 的情况下评估最大瞬时风速。

（3）风速的频率分布

风速的观测值是离散量，我们可以用频率分布来对观测周期内的大量观测值进行刻画。该频度可用概率分布表示，可用于预测强风的出现概率等分析。风速的发生概率，多用式（2.1.6）的威布尔分布形式表示。

$$P(V>V_1) = \sum A(a_n) \exp = \left[-\left(\frac{V_1 - v_0(a_n)}{C(a_n)} \right)^{K(a_n)} \right] \tag{2.1.6}$$

其中，$P(V>V_1)$：某点的风速 V 超过 V_1 的概率

$A(\alpha_n)$：风向 α_n 的出现概率

$K(\alpha_n)$，$C(\alpha_n)$，$v_0(\alpha_n)$：风向 α_n 的威布尔系数

另外，威布尔系数中的 $v_0(\alpha_n)$ 称为位置参数，由收敛计算确定。目前，常将 $v_0(\alpha_n)$ 设置为 0，即所谓双参数使用，应考虑到这一点。

另外，式（2.1.7）的耿贝尔分布（一类极值分布）有时用于诸如年最大风速等的最大值分布。

$$P(V>V_1) = \sum A(a_n) \{1 - \exp[-\exp(-\alpha(a_n)(V - \beta(a_n)))]\} \tag{2.1.7}$$

其中，$P(V>V_1)$：某点的风速 V 超过 V_1 的概率

$A(\alpha_n)$：风向 α_n 的出现概率

$\alpha(\alpha_n)$，$\beta(\alpha_n)$：决定分布形状的参数

既往研究证实，耿贝尔分布对高风速地区的观测数据具有较好的拟合性，能够充分逼近日最大平均风速的累积概率（不超过概率）。[7]

2.2　强风引起的环境灾害

2.2.1　高楼风

高层建筑周边发生的包括阵风在内的强风称为高楼风，高楼风引起的环境灾害一般称为风害[①]。这种风害在大型办公楼和小型的民宅、商店毗邻建设的日本尤为明显。从 20 世纪 60

---

① 此处定义的风害与中国所熟知的风害、风灾不同。在中国，风害、风灾主要指龙卷风、飓风和雷雨大风造成的城市及农业大型灾害。而本书中的风害则指高楼风对其周边微环境造成的破坏。——译者注

年代以霞之关三井大厦为起点的超高层建筑建设开始，风害就与日照问题、电磁波污染一起作为城市公害之一受到社会的关注。伴随着高层公寓建设而引发的风害问题在日本各地频频发生，有的甚至引发诉讼问题。

一般而言，由于城市建筑物非常密集，建筑物对风发生了遮挡阻塞，因此人们生活的地表面风力较弱，大约只有高空的 2~3 成。换言之，人们实际上是以微弱稳定的风环境为前提正常生活。在城市中高层建筑的建设对风的流动造成很大的阻碍，上空的风会吹到地表，在地面附近产生强风。当这种强风破坏了现有的风环境时，就会发生风害。

图 2.2.1 显示了强风的三种典型发生类型：一是伴随着高层建筑角部剥离产生的强风；二是穿过柱廊等狭窄缝隙而产生的高速气流；三是上游风向的低层建筑和下游风向的高层建筑之间产生的回流。所有这些强风都可以用风的能量在撞击建筑物时转化为压力，并从高风压区域吹向低风压区域的原理予以解释。此外，这些剥离和回流的方式会随着建筑物的纵横比和深度而变化。图 2.2.2 给出了当建筑的水平和竖直方向的哪个长度更大情况下建筑物周围流动模式的示意图。

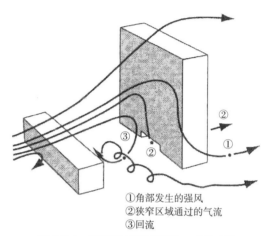

①角部发生的强风
②狭窄区域通过的气流
③回流

图 2.2.1　建筑周边发生强风的三种类型[1]

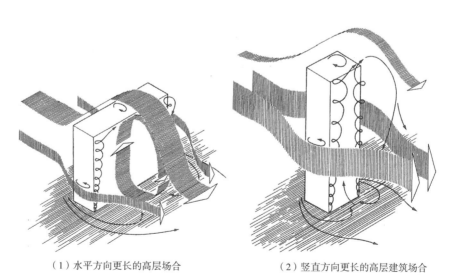

（1）水平方向更长的高层场合　　（2）竖直方向更长的高层建筑场合

图 2.2.2　建筑周边的流动模式[2]

如此一来，根据建筑物的形状、配置和周边状况，以及高楼风本身的风向状况等，高楼风形成复杂的气流运动，极大的个性化差异是其最大的特征之一。因此，很难规定诸如"建筑的高度达到几层后高楼风就会成为问题"或者"高度在几米以下就不会发生风害"这样的一般性原则。想要正确预测和评价建筑物建成后的风环境，可以使用风洞模型实验和 CFD 模拟，或者利用现有的风洞实验数据库等方法。

2.2.2　强风风害的评价

强风引起的环境问题，从受影响的对象来看，可分为以下几类：

（1）造成周边建筑的灾害：建筑物倒塌，屋檐、瓦片、窗玻璃散落，房屋摇晃等。

（2）造成日常生活环境的灾害：雨水入户，门窗开闭困难，产生灰尘等。

（3）造成行人的灾害：行走困难，衣冠不整，头发散乱，雨伞折断等。

图 2.2.3 显示了基于居民主观调查和强风观测得到的强风引起的环境灾害与风速之间的关系[1]。这是通过对当地居民进行的有关高层建筑周边实际发生强风造成环境破坏事件的问卷调查得出的，是日本评估强风造成环境破坏的基础数据之一。

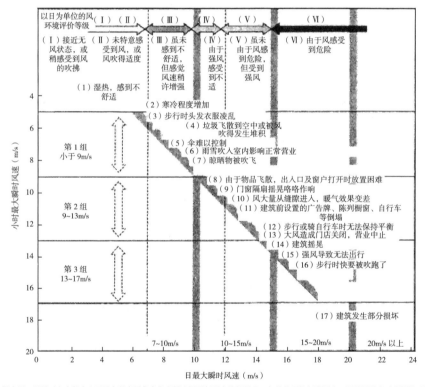

数据来源：根据对东京都中央区月岛的高层集合住宅周边居民每日实施的长达 2 年的风环境问卷调查，以及风的实时观测整理而得。

图 2.2.3　居民主观调查得到的以日为单位的风环境的印象、评价及风速和环境灾害之间的对应关系[1]

当建筑建设等因素造成当地风环境发生变化时，需要判断在这种变化多大程度上可以被允许，及形成了怎样的风环境水平等。另外，还需要讨论是否会产生影响。其评价根据目的可以大致分为三种方法：①基于允许风速的评价；②基于风速增加率的评价；③基于风速发生概率的评价。

（1）基于允许风速的评价

此评价将关于舒适、不舒适或危险等级的某个风速限值与预测风速值进行比较，判断高楼风的有无和允许限度。一种流行的判断标准是基于 Penwarden 发布的 Beaufort 风力等级[1, 8]，如表 2.2.1 所示。

既往研究认为相较于平均风速（10min 平均风速）而言，瞬间风速（评价时间 3s）能更好地评价强风对人步行的影响。表 2.2.2 表示强风对人步行的影响[1]。可按 5m/s、10m/s、15m/s 标准进行划分。表中的 u 是位于行人高度的瞬间风速，该瞬时风速的评价时间为 3s。

风对人体的影响[8] 表 2.2.1

Beaufort 风力等级	距地面 10m 高度风速 [m/s]	影响
0	0.0~0.2	
1	0.3~1.5	不明显的风
2	1.6~3.3	脸部能感到有风拂过。树叶、衣服沙沙作响
3	3.4~5.4	头发和衣服被吹乱。难以阅读报刊
4	5.5~7.9	树枝不断摇动，导致旗帜在风中摇曳。垃圾被风卷起。纸张飞扬。头发被吹乱，地面的小树枝发生运动
5	8.0~10.7	身体能感受到风的力量。进入强风区域易被绊倒
6	10.8~13.8	长着树叶的小树开始摇晃。打伞困难。头发被吹得笔直。步行困难
7	13.9~17.1	侧风的力量几乎等于前进力量。风声刺耳，令人不快。步行不便
8	17.2~20.7	通常阻碍前进。当发生阵风时难以保持身体平衡
9	20.8~24.4	人被吹倒

强风引起的步行障碍的程度[1] 表 2.2.2

$u<5m/s$	$5\sim10m/s$	$10\sim15m/s$	$15m/s<u$
正常	有较小影响	有一定影响	有较大影响
• 几乎可以正常行走 • 女性的头发和裙子被风吹乱	• 步态略微不稳 • 头发和裙子乱糟糟	• 步态紊乱 • 根据意志行走略微困难 • 上半身倾斜	• 不可能按意志正常行走 • 几乎要被风吹走

（2）基于风速增加率的评价

本评价方法是调查建筑建成后风速的增减程度来判断高楼风的影响。风速不直接进行比较，而是以所谓"风速比"的形式进行评价。风速比的求法有两种，一种如式（2.2.1）所示直接求建成前后的风速比。

$$风速增加率 = \frac{(u_{\mathrm{h}})_i}{(u_{\mathrm{s}})_i} \qquad (2.2.1)$$

其中，$(u_{\mathrm{h}})_i$：i 点处（建成后）高度为 $h[\mathrm{m}]$ 的风速 [m/s]

$(u_s)_i$：i 点处（建成前）高度为 h[m] 的风速 [m/s]

这种情况下，风速比越接近 1，表示高楼风的影响越小。小于 1 表示建成后的风速减少，大于 1 表示风速增加。这种方法表明了风速的增减，但无法显示风速本身的强弱，使用时应当牢记这一点。

另一种方法是以气象台观测到的风速作为基准风速求建成前后的风速比，如式（2.2.2）所示。

$$风速比 \ R_i = \frac{(u_h)_i}{u_R} \tag{2.2.2}$$

其中，$(u_h)_i$：i 点处（建成后）高度为 h[m] 的风速 [m/s]

u_R：基准风速 [m/s]

这种方法可以客观地比较建设前、建设后的风速状态，非常方便。但此方法不适用于附近没有气象台和观测点，或者观测点与评价对象周边的状况完全不同的情况。

（3）基于风速发生概率的评价

人们认为，日常所说的风大之处和风小之处，并不仅仅指该地点的风速值的大小，也包含了对吹风的频率考虑。而且风害往往由瞬间强风引起，可以认为风环境的好坏与瞬间的强风的出现频率有很深的关联。因此，为了准确评价高楼风的影响，有必要将风速、风向、发生频率纳入评价，国内外提出了各种方法。关于这些评价标准，本篇后的参考文献 [1] 进行了详细的比较和讨论，请读者参考。

在日本，多数实例中使用的风环境评价尺度有两种，一种是根据对应空间的功能用途确定允许的强风水平，从而将影响程度分为不同等级的评价尺度（表 2.2.3）[9]；另一种是以城市状况（住宅区、市区街道、办公建筑区等的划分）观测到的风速发生频率为基础提出的评价指标（表 2.2.4）[3]。二者的区别在于，前者以离地 1.5m 处超过日最大瞬时风速的频率为准，而后者以离地 5m 处平均风速的累积频率为准。在评价尺度和指标中使用风速的发生比例，如果将超过表 2.2.3 中等级 3 的情况视为不利风环境（等级 4），那么也可将风环境的等级分为 4 级，形成类似的评价方法。

基于日最大瞬时风速的风环境评价尺度（村上等的评价尺度）[9]　　　　表 2.2.3

等级	强风影响的程度	对应空间功能用途举例	评价的强风水平和允许超过频率		
			日最大瞬时风速 [m/s]		
			10	15	20
			日最大平均风速 [m/s]		
			10/G.F.	15/G.F.	20/G.F.
1	功能用途最容易受到影响的场所	居住区的商店街、室外餐厅	10%（37 天）	0.9%（3 天）	0.08%（0.3 天）
2	功能用途易受影响的场所	住宅区、公园	22%（80 天）	3.6%（13 天）	0.6%（2 天）

等级	强风影响的程度	对应空间功能用途举例	评价的强风水平和允许超过频率		
			日最大瞬时风速 [m/s]		
			10	15	20
			日最大平均风速 [m/s]		
			10/G.F.	15/G.F.	20/G.F.
3	功能用途较难受影响的场所	办公建筑区	35%（128 天）	7 %（26 天）	1.5%（5 天）

注：1）日最大瞬时风速：评价时间 2~3s

　　　　日最大平均风速：10min 内的平均风速

　　　　此处表示的风速定义为距地面 1.5m

　　　2）日最大瞬时风速

　　　　10m/s…垃圾飞扬

　　　　15m/s…广告牌、自行车等翻倒、步行困难

　　　　20m/s… 快要被风吹倒　　　　　　　　　　　等现象实际发生。

　　　3）G.F.：阵风系数

　　　　（距地面 1.5m，评价时间 2 ~3s）

　　　　密集的城市街区（平均风速小但湍流程度高）… 2.5~3.0

　　　　通常的城市街区…2.0~2.5

　　　　强风场所（高层建筑附近的增速区域）…1.5~2.0　　　　程度的值可供参考。

基于平均风速的风环境评价指标（风工学研究所的方法）[3]　　　　表 2.2.4

类型区分	累积频率 55% 的平均风速	累积频率 95% 的平均风速
类型 A：住宅区风环境，或需要比较平稳的风环境的场所	≤ 1.2m/s	≤ 2.9m/s
类型 B：住宅区·街区风环境，常规风环境	≤ 1.8m/s	≤ 4.3m/s
类型 C：办公建筑区域风环境，或能忍受较强风吹的场所	≤ 2.3m/s	≤ 5.6m/s
类型 D：超高层建筑底部的风环境，通常为不利的风环境	>2.3m/s	>5.6m/s

　　另外，上述两个风环境评价尺度或指标是根据东京的实测结果制定的。但是，如日本海沿岸那样在冬季季风很强的情况下，即使通常认为不会产生高楼风的中低层建筑物周边也有可能发生风害。将上述评价尺度、指标直接应用于日本海沿岸地区时，会导致高空风的风速频率分布和日常生活中对强风的意识产生差异等需要研究的问题。赤林等人以新潟市沿岸地区的住宅区为对象进行了风环境相关的风洞实验、实测调查、居民问卷调查，并根据其结果，对村上等人提出的基于日最大瞬时风速的评价尺度进行了修改，使其可适用于日本海沿岸地区[10]。与村上等人的评价尺度相比，该评价尺度对同一等级相同风速的允许天数有增加的趋势。

2.3　弱风引起的环境灾害

2.3.1　建筑附近的空气污染

当风力较弱时，建筑物附近排放的含有污染物的空气难以对流扩散，高浓度污染物在建筑周围滞留，并发生污染物向建筑内渗透的问题。空气污染源大体分为两类：建筑物屋顶烟囱、厨房排烟口等附着于建筑物的固定排放源和汽车等移动排放源。建筑物附近的扩散机理直接受到建筑物周边的气流影响而非常复杂。即使同一个污染源，根据不同的风性状、建筑性状、排放位置及排放速度等，建筑周边的污染物浓度也会发生复杂变化。此外，大气稳定性对建筑物附近污染物的扩散也有显著影响。一直以来风洞模型实验虽然作为预测建筑附近污染物扩散的方法广为实施，但相似性原理在涉及大气稳定性和有其他浮力影响对象时的风洞实验中很难得到严格满足[11]。自 20 世纪 80 年代初以来，作为简易分析模型的羽流模型和烟团模型被专门用作空气质量评估中的环境浓度预测方法。这些模型由扩散方程解析推导而来，针对浓度分布的标准差，即扩散系数给出经验值。由于这些经验系数可以处理地域特征和气象条件的影响，因此可以用较小的计算量简易地预测各种条件[12]。需要注意的是，羽流模型和烟团模型无法直接考虑建筑物和复杂地形的影响，不可应用于这些影响为主的污染物扩散预测。

2.3.2　城市热岛现象

造成市中心区气温高于郊区的热岛现象的 3 个主要原因是"人工排热增加"、"地表面覆盖的人工化"和"城市形态的高密度化"[13]。其中，城市形态的高密度化与随之而来的风的变化密切相关。换言之，当由于空地减少和中高层建筑增加而导致城市形态变得更加密集时，对应风向的地面附近的风力变弱，通风恶化，可能导致热量扩散和城市空间换气性能的降低。

图 2.3.1 显示了东京 100 年间的年平均气温和 8 月平均相对湿度的变化[14]，以及气象局关于日本全国 39 个地点的建筑密度和 50 年间年最大风速平均值变化的比较[15]。在东京，1910 年后气温开始上升，从 1950 年左右上升开始变得显著。相对湿度随着温度的升高有降低的趋势，1950 年以后尤其迅速。日本平均建筑密度在约 1950 年开始上升，1960 年以后尤为明显，到 1980 年的 20 年间增长了近 5 倍。另外，日本平均年最大风速的逐年差异较大，但在 1950 年后呈现下降趋势，在建筑密度激增的 1960 年后下降尤为显著。这 20 年间，年均最大风速从 20m/s 降至 14m/s。与此同时，城市中的气温升高、相对湿度的降低与风速的降低几乎同时发生。

作为热岛现象的对策之一，为了将来自海、湖、山及城市绿地的"海风""陆风""山风""从城市绿地的对流渗透风"等凉爽的风导入城市，各地正在开展建设"通风道"的讨论[13]。东京海滨和中心区的大规模再开发研究实施以日本桥地区及东京站周边地区为对象，为了掌握大规模城市再开发引起的城市形态变化对夏季白天城市热环境的效果和影响而进行了模拟，结果如图 2.3.2 所示 [16]。模拟结果确认了首都高速高架道路的拆除、地下化及日本桥周边建筑物的低层化、低容积化造成风速有所增加，同时东京站周围的再开发引起了气温下降的趋势。此外，结果还显示在整个研究区域中，地上 5m 附近 30℃以下的区域面积有所增加。但需要注意，使用"通风道"作为热岛对策措施，有时可能是引起高楼风的一个原因。

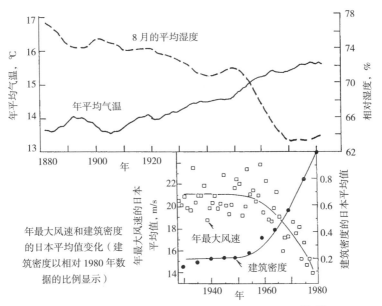

图 2.3.1　东京的气温、相对湿度和风速的经年变化 [14, 15]

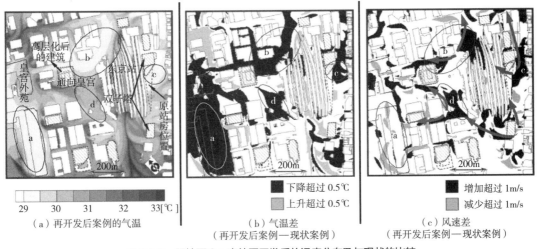

（a）再开发后案例的气温

（b）气温差
（再开发后案例—现状案例）

（c）风速差
（再开发后案例—现状案例）

图 2.3.2　距地面 2m 高处再开发后的温度分布及与现状的比较
（斜线填充区域：改造后的高层建筑物；虚线：因再开发而拆除的建筑物）[16]

2.3.3　伴随换气量减少引起的灾害

风力引起的换气对于维持舒适的室内环境极其重要。由于城市的风力减弱，有时会产生无法维持必要换气量的问题。风力引起的自然换气是以作用在建筑物壁面的风压差为驱动力进行的，因此可以通过调查风压系数的分布和上空风的强弱进行预测。图 2.3.3 显示了单层独立住宅周边状况变化时换气量的风洞实验结果 [17]。换气量通过测量风压系数计算得到。周边建筑高度密集时，建筑周围的风力减弱，换气量与周边没有任何建筑时相比减少到一半以下。

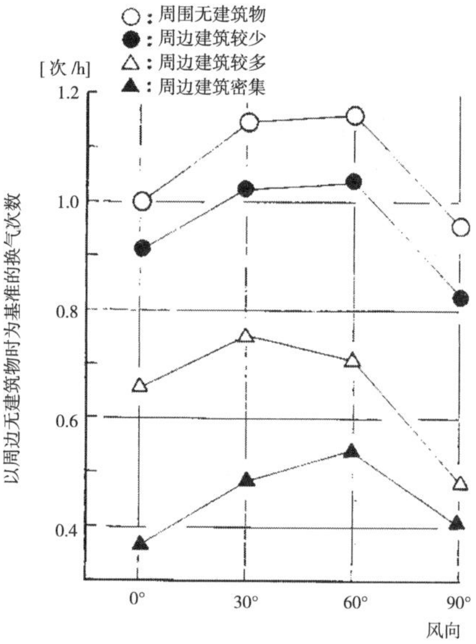

2.4　风环境的预测方法

目前，预测风环境的方法可分为以下 3 种：

①基于既往研究成果的方法（纸上预测）；

②风洞实验法；

③基于计算流体动力学（CFD）的方法。

虽然本书旨在说明 CFD 的使用技术，但是了解基于风洞实验或既往研究成果的预测是如何进行的，对于进行 CFD 模拟分析很有益处。本节将对这些方法进行概述。

图 2.3.3　建筑周边条件和风向变化导致的换气量差异 [17]

2.4.1　基于既往研究成果的方法

这种方法是根据以往类似的风洞实验和现场观测的结果来类推建筑建设前后的风环境。但是，由于地表面附近的建筑周边气流受到周边建筑物和街道的影响很大，因此在参考过去案例时必须充分注意相似程度。此方法的准确性和局限性都在于这一点，但如果我们充分认识到这点并用它来作粗略的预测，一般认为具有一定程度的有用性。今后也可考虑利用单纯形状建筑对象的 CFD 结果等方法，实验结果总结在参考文献 [1, 3] 等中。图 2.4.1 显示根据风洞实验结果得到的单体建筑物（$H:W:D=2:2:1$）的各风向的风速增加率的示例。

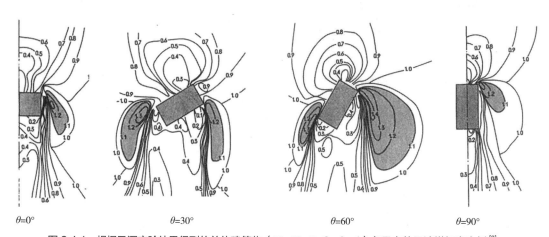

$\theta=0°$　　　　$\theta=30°$　　　　$\theta=60°$　　　　$\theta=90°$

图 2.4.1　根据风洞实验结果得到的单体建筑物（$H:W:D=2:2:1$）各风向的风速增加率实例 [3]

2.4.2　风洞实验法 [18]

（1）边界层风洞

风洞是一种人工制造风的装置，有循环式（哥廷根式）和开放式（埃菲尔式）等几种结构。其中，针对风环境问题，一般采用加长测量段并具有发展边界层结构的风洞。如图 2.4.2 所示，其特征在于一般具有 10~20m 长度的测量段。这是因为需要较长的助跑距离才能形成模拟城市风的边界层。在边界层风洞内设置城市模型的状况如图 2.4.3 所示。在模型设置部分，常常会安装一个能旋转模型的转盘，以模拟风向的改变。

图 2.4.2　风洞实验装置示例（日本新潟工科大学）

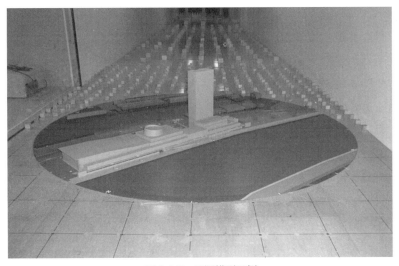

图 2.4.3　风洞模型示例

（2）相似性条件

为了预测建筑物周边发生的强风而进行的风洞实验，需要有以下两个相似性条件：

①模型的几何学相似；

②与吹到建筑物上的风（接近流，approaching wind）相似。

如前所述，边界层的风速分布用指数法则或对数法则表示。其基本思想是，如果在风洞中创造出与实物相似的垂直分布的风，并将其吹过几何形状相似的模型，那么周围气流的模式也会与现实分布相似。

一般来说，具有尖锐角部物体（bluff body）的周边气流受雷诺数 [式（2.4.1）] 的影响较小。因此，在中性状态下，由于湍流影响只要确保足够大的雷诺数，无论实验中采用多大的风速，流动状态都可以认为是相似的。

$$Re = \frac{uL}{v} \tag{2.4.1}$$

式中，u——特征风速 [m/s]；

L——特征长度 [m]；

v——动力黏性系数 [m²/s]

在风洞实验中，相较风速而言，所求的其实是相对风速比，如地面点的风速与上空点的风速之比。

为了创建目标边界层流，如在图 2.4.3 远处所示，可在地面上排列粗糙体块，用于发展边界层。发展边界层的方法根据体块大小而不同，除体块外，还可以组合使用格栅、尖刺等。但是，这种方法得到的竖直风廓线并不能再现建筑用地周边建筑的直接影响。

（3）模型

在以真实建筑物为对象的风洞实验中，不仅需要对目标建筑物进行建模[①]，还需要同时对场地周围的地形和城市进行建模，以更准确地再现吹过建筑物的风。模型范围自然是越大越好，至少也应再现从建筑物外缘起建筑高度 2 倍左右的水平范围[1]。此外，若周边特别是上风向有高层建筑等影响较大的建筑物，根据位置关系，受影响的区域可能会延伸到更远处，因此必要时需要扩大建模范围[19]。至于需要建模范围内周边建筑物的模型精度，至少需要达到再现建筑物轮廓的程度。此外，阳台等建筑物墙壁上的小凹凸和突起物应当尽可能地再现。另外，对于建模范围以外的市区，只要不影响测量点，通常可根据建筑物的建筑平均基底面积和平均高度用长方体阵列代替[19]。

模型的缩尺比例由建筑在风洞截面上的投影面积与风洞截面积的关系决定。通过将模型安装在风洞中，模型与风洞墙壁、顶部之间的相互影响称为模型对风洞气流的阻塞作用。如果阻塞率增大，可能导致风速的增加率过大，无法得到正确的测量结果。图 2.4.4 给出了阻塞率与建筑物附近的风速增加率最大值之间的关系。

从该图可以看出，通常建议模型对风洞截面的阻塞率至少保持在 5% 以下。因此，根据风洞测量段的截面反向推断，可知使用缩尺城市模型对实际建筑进行的风洞实验缩尺比例往往在 1/200~1/1000 左右。此外，悬崖、斜坡等地形凹凸对地表附近的风速有较大影响，应当在

---

① 原著中多次出现日语"模型化"一词，既指根据建筑、城市等按一定比例制作实体或计算机形状的过程，也指将各物理变化过程归纳成数学方程的过程。本书按照建筑学及相关领域的习惯，将前者译为"建模"，后者译为"模型化"，便于读者区分。——译者注

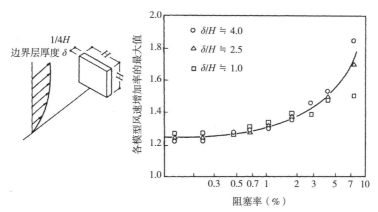

图 2.4.4　阻塞率与建筑附近发生的风速增加率最大值之间的关系 [2]

建模时予以再现，特别是目标建筑地块附近的高差必须予以再现。

（4）测量项目

① 平均风速

当前以评价风环境为目的的风洞实验中，由于后文将提到的测量设备的问题，普遍只测量平均风速而不测量瞬时风速。即使在使用基于日最大瞬时风速 [6] 的风环境评价时，瞬时风速也是通过将平均风速乘以阵风系数 G.F. 进行估算而非直接测定的。使用基于雷诺平均的湍流模型（RANS 模型）进行 CFD 模拟时也是如此，这将在后文中提及。G.F. 会随着地形和上空风的状况而变化。此外，虽然 G.F. 根据位置可以取不同的值，但是对于预测点统一赋予一个定值是否合适一直是个问题。根据最近日本风工学会的研究会表示，可以基于东京都内其他 152 个地点的风观测数据，将 G.F. 近似为关于平均风速比的函数，他们同时展示了使用此方法的风环境评价等级预测精度研究结果。他们提出风环境评价可用下列 G.F. 评价公式 [式（2.4.2），式（2.4.3）]。[20]

$$\text{G.F.} = 1.64 \times R^{-0.32} \qquad R > 0.1 \text{ 时} \qquad (2.4.2)$$

$$\text{G.F.} = 3.43 \qquad R \leqslant 0.1 \text{ 时} \qquad (2.4.3)$$

这里的 R 是观测点以每 10 分钟的平均风速 U_g 与该时刻上空基准风速 U_{ref} 的风速比值。U_{ref} 是将东京管区气象台（东京都千代田区大手町的旧观测站）的 10 分钟平均风速（高度 74.6m），变换为日本学会荷载指南中粗糙度分类Ⅳ级的 Z_G 高度（550m）处风速值。

平均风速通常使用无指向性热敏电阻风速计测量。可以在模型上设置数十台风速计的测量孔，对多个测点同时展开测量，或者通过将风速计安装在移侧架① 上，逐点展开测量。图 2.4.5 是在模型上安装多点风速计的一个示例。

② 最大瞬时风速

采用热线风速计（Ⅰ型、Ⅹ型等）或分离式光纤探头② 等高响应性的风速计可以测量瞬时

① 风洞的移侧架也称 traverse 系统。——译者注

② Split-fiber probes。——译者注

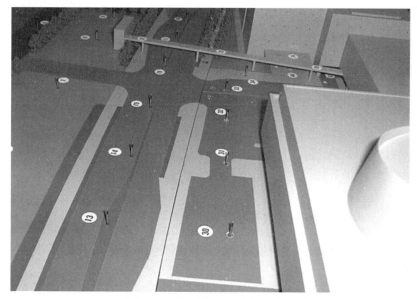

图 2.4.5　在模型中设置多点风速计的状况

风速。但在评估最大瞬时风速时，为获得可靠性高的数据，需要进行多次测量取系综平均值，或根据波形的极值分布来评估最大值。热线风速计具有传感器部分容易损坏和需要经常校正等缺点，通常使用较为复杂。因此，在风环境的风洞实验实际测量中测不准或得不到数据的情况很多。

③ 平均风向

目前的风环境评价方法中通常不需要测量风向。然而，风向信息有助于定性掌握建筑周边的气流及采取防风措施等，有时需要进行测量。由于风向不断变化，往往会在测量点竖起一面小旗，用较长曝光时间拍照，以确定主要风向。烟雾可视化也用于定性研究风向。

（5）风洞实验的精度

关于风洞实验的精度，日本建筑中心的一份研究报告进行了详细的验证[18]。在该报告书中，以长期进行实测的 3 个地区（东京都新宿区新都心、东京都中央区月岛、千叶县市川市行德）为对象，在多个机构进行了多种条件的风洞实验，总结了各种参数对风洞实验结果的影响。他们报告了模型表面的建模精度，市区的建模再现方法，接近流的再现方法，测量方法和误差，风洞实验的再现性及与实测值的比较。关于实测与风洞实验的对应，该报告书展示了"关于风速比的实验值大多是实测值平均值的 $\pm 1\sigma$（σ：标准差）的范围内，实验结果与实测结果相当吻合"的结论。其中一个实例如图 2.4.6 所示，该图显示了在新宿副都心的实测和风洞实验得到风速比的比较结果[3, 21]。图中绘制的是在三个不同机构进行的实验结果。所有的实验结果都在实测数据的偏差（$\pm 1\sigma$）范围内。

2.4.3　计算流体力学（CFD）[22]

这是用计算机对流体基本方程进行数值分析的方法。首先，CFD 不需要风洞实验的特殊

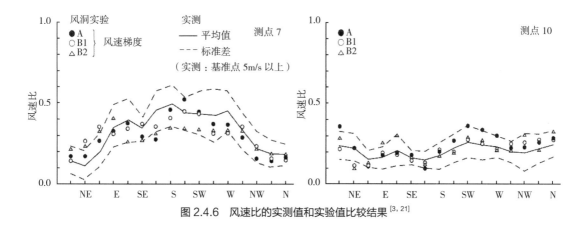

图 2.4.6　风速比的实测值和实验值比较结果 [3, 21]

实验设备，而且考虑到分析所需要的时间、材料成本、人工等，在成本上很有优势。其次，相对于风洞实验只能获取有限测量点的风速信息，CFD 具有能详细获取三维风速空间分布的优势。换言之，CFD 有可能捕捉到风洞实验中无法捕捉到的风环境问题，并计划出更有效的对策。此外，CFD 也放宽了相似性法则的约束。特别是在稳定分层流动和有浮力的流动中，风洞实验的相似性法则约束更加严格，因此 CFD 的优越性很强。

风洞实验中实验数据的不确定性（测量仪器误差、随机误差、传感器安装位置误差等）是无法避免的。另外，在 CFD 中，模拟结果在很大程度上取决于湍流模型的选择、计算使用的模拟参数、边界条件等。因此要密切关注 CFD 的模拟精度和不确定性。为此，各种参数和边界条件的敏感度分析及基于实验结果的验证极其重要。尤其是计算网格划分是对结果准确性和计算时间具有很大影响的因素之一。计算网格应足够精细以重现控制流场的主要结构（剥离流、剪切流等）。下一节将说明，针对影响 CFD 模拟结果的各种模拟参数和边界条件已经提出了适当赋值标准的各种指南，本书的第 3 篇也是其中一种。

2.5　（日本）国内外的指导方针、指南制定现状

2.5.1　Verification 和 Validation（V&V）

如前所述，在使用 CFD 时，"验证"结果的精度和不确定性极为重要。"验证"在日语中表示为"検証"，而在英语中则称为 V&V，通常认为包括两个过程。由于这些过程的体系化与本书的使用密切相关，这里首先解释这个术语的定义。Verification（狭义上）是指"检查"计算代码是否正确地反映了它试图表达的物理模型。例如，除了检查 CFD 模拟结果的离散误差和收敛误差是否在允许范围之外，模型数学式错误、编程错误等的检查也同等重要。另外，Validation 是针对特定的物理现象进行计算，并根据与实验值的比较，"验证"是否可以获得合理的解答和实用的精度。此过程也称为"妥当性判断"。图 2.5.1 显示了与 V&V 相关的各要素之间的相互关系 [23]。

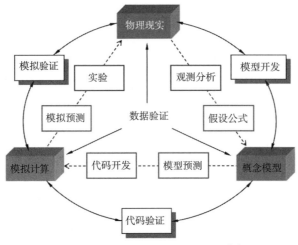

图 2.5.1 V&V 各要素的相互关系 [23]

2.5.2 CFD 通用的 V&V 和指南制定动向

自 1990 年代以来，对 CFD 不确定性的管理和精度的验证相关的标准进行了研究，主要集中在机械专业领域 [24-26]。此外，一些学术期刊和学术团体也提出了一些确保 CFD 模拟精度的指南 [27-30]。如 2000 年，欧洲流体、湍流和燃烧研究共同体（ERCOFTAC，European Research Community On Flow, Turbulence And Combustion）的工业 CFD 的质量与信任（Quality and Trust in Industrial CFD）特别兴趣小组出版发行了《Best Practice Guidelines》[31]。这些指南基本以 RANS 模拟为研究对象。此外，在欧盟的项目"欧洲科学技术合作框架"（ECORA，Evaluation of Computational Fluid Dynamics Methods for Reactor Safety Analysis）中，进一步将 ERCOFTAC Guidelines 完善整理为专用于 CFD code validation 的指南 [32]。

2.5.3 风工学及大气环境领域的指南制定动向

2004 年，作为欧洲科学技术合作框架（COST，European Cooperation in Science and Technology）的 Action C14: Impact of Wind and Storm on City Life and Built Environment（风和风暴对城市生活和建筑环境的影响）的活动成果，基于详细文献调研编制了风工程中使用 CFD 的指南 [33]。该指南后来在 COST Action 732: Quality Assurance and Improvement of Microscale Meteorological Models（微尺度气象模型的质量保证与改进）活动中发展为《城市环境气流 CFD 模拟最佳实践指南》（*Best Practice Guideline for the CFD simulation of flows in the urban environment*）[34]。这些指南，与 ERCOFTAC Guidelines 相同，基本上旨在应用于 RANS。此外，COST Action 732 还引入了 CFD 评价方法 [35]。

在德国，德国工程师协会（VDI，Verein Deutcher IngInieure）和德国标准化协会（DIN，Deutsches Institut für Normung）在 2005 年出版了验证工具和方法适用性的指南《预测微尺度风场模型——建筑物和障碍物周围流动的评估》（*Prognostic micro-scale wind field models—*

Evaluation for flow around buildings and obstacles），成为 VDI3783 的一部分，并在 2015 年编制了修订版[36]。这些书中 CFD 的主要使用目的是评估空气环境。

作为上述 COST 的另一项 Action——用于建筑环境中的局部规模的应急预测和响应工具的评估、改进和使用指导（ES1006：Evaluation, improvement and guidance for the use of local-scale emergency prediction and response tools for the use of local-scale emergency prediction and response tools for use of airborne hazards in built environments），2015 年发布了《应急响应中使用大气扩散模型的最佳实践指南》（*Best Practice Guidelines for the use of Atmospheric Dispersion Models in Emergency Response*）[37]。该书的主要目的是编制适用于包含复杂建筑物的城市环境的大气扩散模型的评价及其紧急对策系统。

作为日本在建筑环境工学领域的动向，2007 年日本建筑学会出版了《城市风环境预测的流体数值模拟指南—模拟导则及验证数据库》①[38]。该书部分内容的英文版作为学术论文于 2008 年发表在国际学术期刊上[39]。该指南也基本上假定适用于 RANS。同时，从单体建筑模型到复杂城市区域的各种基准风洞测试结果和计算结果也作为验证数据库予以公开发布[40, 41]。在其他方面，还出版了《初学者的环境·设备设计模拟 CFD 指南》，旨在将 CFD 应用于建筑设备的空调、换气、热环境的设计与评价中[42]。此外，在建筑结构领域，2005 年出版了《建筑物的抗风设计流体计算指南》[43]，其概要也刊登在了英文学术期刊上[44]。该指南虽然也提及了 LES 的使用，但作为指南并未具体推荐模拟条件的设定方法等。其后，在建筑构造领域，2015 年日本建筑学会修改出版的《建筑物荷载指南及解说（2015）》[45] 中，设计风速、风压系数 / 风力系数的评价等可运用于 CFD 中，因此将该指南中适用于 CFD 的指南部分摘录总结后于 2017 年出版[46]。该指南基本以 LES 的运用为前提。另外，大气环境学会于 2013 年编纂了《基于 CFD 模型（DiMCFD；Diffusion Model with Computational Fluid Dynamics）的大气环境评价方法指南》[47]。

---

① 即 2007 年出版的本书的上一版本，详见本书的原著前言。——译者注

参考文献

[1] 日本建築学会編, 1993. 都市の風環境評価と計画―ビル風から適風環境まで―. 日本建築学会.

[2] 村上周三, 1984. 風論, 新建築学体系（8）自然環境. 彰国社.

[3] 風工学研究所編著, 2005. ビル風の基礎知識. 鹿島出版会.

[4] 日本建築学会, 2015. 建築物荷重指針・同解説.

[5] 竹内清秀（著）, 近藤純正（著）, 1981. 大気科学講座 1―地表に近い大気. 東京大学出版会.

[6] 村上周三, 丸田栄蔵, 岩谷祥美, 藤井邦雄, 川口彰久, 1982. 市街地低層部における風の性状と風環境評価に関する研究―Ⅱ　強風時における市街地低層部の変動風の性状. 日本建築学会論文報告集, 314, 112–119.

[7] 西村宏昭, 高森浩治, 2002. ビル風評価のためのガストファクター―接近流の乱れ強さの影響―. GBRC（一般財団法人日本建築総合試験所機関誌）, 105, 27–32.

[8] Penwarden, A.D., 1973. Acceptable wind speeds in town. Build. Sci., 8 (3), 259–267.

[9] 村上周三, 岩佐義輝, 森川泰成, 1983. 市街地低層部における風の性状と風環境評価に関する研究（Ⅲ）―居住者の日誌による風環境調査と評価尺度に関する研究. 日本建築学会論文報告集, 325, 74–84.

[10] 赤林伸一, 坂口淳, 藤井邦雄, 富永禎秀, 中島弘喜, 2002. 新潟市における風環境の評価方法に関する研究. 日本建築学会計画系論文集, 561, 41–46.

[11] Snyder, W.H., 1979. Guideline for Fluid Modeling of Atmospheric Diffusion (No. EPA-450/4-79-016 (Draft)). Environmental Protection Agency, Research Triangle Park, NC, U.S.A.

[12] 片谷教孝, 2017. 大気質に関する環境アセスメントについて. 環境アセスメント学会誌, 15 (1), 30-34.

[13] 国土交通省 都市局都市計画課, 2013. ヒートアイランド現象緩和に向けた都市づくりガイドライン.

[14] 尾島俊雄, 1990. 都市汚染. 空気調和・衛生工学, 64 (9), 17–20.

[15] 田村幸雄, 須田健一, 松井源吾, 1989. 設計基準風速についての一考察―建物密度の経年変化を考慮した年最大風速の均質化. 日本建築学会構造系論文報告集, 400, 101–111.

[16] 鍵屋浩司, 足永靖信, 増田幸宏, 大橋征幹, 平野洪賓, 尾島俊雄, 2010. 大規模な都市再開発が熱環境に及ぼす効果・影響に関する実験的検討. 日本建築学会環境系論文集, 75 (649), 305–312.

[17] 赤林伸一, 村上周三, 水谷国男, 高倉秀一, 1994. 周辺に建物群のある独立住宅の風圧分布に関する風洞実験および換気量予測―住宅の換気・通風に関する実験的研究その1. 日本建築学会計画系論文報告集, 59 (456), 9–16.

[18] 日本建築センター, 1984. 建築物周辺気流の風洞実験法に関する研究.

[19] 風洞実験法ガイドライン研究委員会編, 2008. 実務者のための建築物風洞実験ガイドブック. 財団法人日本建築センター.

[20] 義江龍一郎, 富永禎秀, 伊藤真二, 岡田創, 片岡浩人, 喜々津仁密, 佐々木澄, 西村宏昭, 野田博, 林田宏二, 宮下康一, 山中徹, 吉川優, 2014. 日最大瞬間風速の超過確率に基づく風環境評価に用いるガストファクターの提案. 日本風工学会論文集, 39 (2), 29–39.

[21] 藤井邦雄, 浅見豊, 岩佐義輝, 深尾康三, 1978. 新宿新都心地域の風－実測と風洞実験の比較－. 第 5 回構造物の耐風性に関するシンポジウム論文集, 91-98.

[22] 村上周三, 2000. CFD による建築・都市の環境設計工学. 東京大学出版会.

[23] Rahaim, C.P., Oberkampf, W., Cosner, R.R., Dominik, D.F., 2003. AIAA committee on standards for computational fluid dynamics–Current status and plans for international verification database. Proc. the AIAA Aerospace Sciences Meeting, Reno, NV, USA, January 6–9, 2003, p. 21.

[24] Roache, P.J., 1997. Quantification of uncertainty in computational fluid dynamics. Annu. Rev. Fluid Mech. 29, 123–160.

[25] Oberkampf, W.L., Trucano, T.G., Hirsch, C., 2004. Verification, validation, and predictive capability in computational engineering and physics. Appl. Mech. Rev. Rev. 57(5), 345–384.

[26] Roache, P.J., Chia, K.N., White, F., 1986. Editorial policy statement on the control of numerical accuracy. J. Fluids Eng. 108, 2.

[27] Roy, C.J., 2005. Review of code and solution verification procedures for computational simulation. J. Comput. Phys. 205 (1), 131–156.

[28] Freitas, C.J., 1993. Journal of fluids engineering editorial policy statement on the control control of numerical accuracy. J. Fluids Eng. 115, 339–340.

[29] AIAA, 1998. Guide for the Verification and Validation of Computational Fluid Dynamics Simulations. American Institute of Aeronautics and Astronautics, AIAA, Reston, VA (AIAA-G-077-1998).

[30] ASME, 2009. Standard for Verification and Validation in Computational Fluid Dynamics and Heat Transfer. ASME VandV 20-2009, The American Society of Mechanical Engineers.

[31] Casey, M., Wintergerste, T., (Eds.), 2000. Best Practice Guidelines: ERCOFTAC Special Interest Group on "Quality and Trust in Industrial CFD". ERCOFTAC, Switzerland.

[32] Menter, F., Hemstrom, B., Henrikkson, M., Karlsson, R., Latrobe, A., Martin, A.,

Muhlbauer, P., Scheuerer, M., Smith, B., Takacs, T.,Willemsen, S., 2002. CFD Best Practice Guidelines for CFD Code Validation for Reactor-Safety Applications. Report EVOLECORA-D01, Contract no. FIKS-CT-2001-00154.

[33] Franke, J., Hirsch, C., Jensen, A.G., Krüs, H.W., Schatzmann, M.,Westbury, P.S., Miles, S.D., Wisse, J.A., Wright, N.G., 2004. Recommendations on the use of CFD in wind engineering. In: van Beeck, J.P.A.J. (Ed.), Proc. the International Conference on Urban Wind Engineering and Building Aerodynamics. COST Action C14, Impact of Wind and Storm on City Life Built Environment. Von Karman Institute, Sint-Genesius-Rode, Belgium, May 5–7, 2004.

[34] Franke, J., Hellsten, A., Schlünzen, H., Carissimo, B., (Eds.), 2007. Best practice guideline for the CFD simulation of flows in the urban environment. COST Office, Brussels, Belgium, ISBN: 3-00-018312-4.

[35] Britter, R., Schatzmann, M., (Eds.), 2007. COST Action 732: Model Evaluation Guidance and Protocol Document. COST Office, Brussels, Belgium, ISBN: 3-00-018312-4.

[36] The Association of German Engineers (VDI), 2015. Environmental Meteorology Prognostic MicroScale Wind Field Models: Evaluation for Flow around Buildings and Obstacles. 3783(9), 2017. Available online: http://www.vdi.eu/nc/guidelines/vdi_3783_blatt_9- umweltmeteorologie_prognostische_mikroskalige_windfeldmodelle_evaluierung_fr_gebude_und/.

[37] Andronopoulos, S., Armand, P., Baumann-Stanzer, K., Herring, S., Leitl, B., Reisin, T., Castelli, S.T., (Eds.), 2015. COST Action ES1006: Best Practice Guidelines. COST Office, Brussels, Belgium, ISBN: 987-3-9817334-0-2, <http://elizas.eu/images/Documents/Best%20Practice%20Guidelines_web.pdf>.

[38] 日本建築学会, 2007. 市街地風環境予測のための流体数値解析ガイドブックーガイドラインと検証用データベースー. 日本建築学会.

[39] Tominaga, Y., Mochida, A., Yoshie, R., Kataoka, H., Nozu, T., Yoshikawa, M., Shirasawa, T., 2008. AIJ guidelines for practical applications of CFD to pedestrian wind environment around buildings. J. Wind Eng. Ind. Aerod. 96, 1749–1761.

[40] 日本建築学会, 2007. 流体数値計算による風環境評価ガイドライン作成 WG, 市街地風環境予測のための流体数値解析ガイドブックーガイドラインと検証用データベースー (web サイト). http://www.aij.or.jp/jpn/publish/cfdguide/index.htm.

[41] Architectural Institute of Japan, 2016. AIJ Benchmarks for Validation of CFD Simulations Applied to Pedestrian Wind Environment around Buildings. ISBN978-4-8189-5001-6.

[42] 空気調和・衛生工学会, 2017. はじめての環境・設備設計シミュレーション CFD ガイ
ドブック. オーム社.

[43] 日本建築学会, 2005. 建築物の耐風設計のための流体計算ガイドブック.

[44] Tamura, T., Nozawa, K., Kondo, K., 2008. AIJ guide for numerical prediction of wind
loads on buildings. J. Wind Eng. Ind. Aerod. 96 (10–11), 1974–1984.

[45] 日本建築学会, 2015. 建築物荷重指針・同解説.

[46] 日本建築学会(編集), 2017. 建築物荷重指針を活かす設計資料〈2〉建築物の風応答・
風荷重評価/CFD 適用ガイド.

[47] 大気環境学会関東支部　予測計画評価部会 CFD モデル環境アセスメント適用性研究会
編著（監修　水野建樹）, 2013. CFD モデル（DiMCFD）による　大気環境アセスメン
ト手法ガイドライン.

第2篇
城市风环境预测的 CFD 模拟技术

第1章 湍流模型

1.1 流体的基础方程

城市中风的流动是湍流。湍流是流体运动的一种状态，其特性可用流体的基础方程来描述。这里我们首先说明描述温度在时空中保持恒定（即等温）的流体运动方程式。

流体运动的原理是质量守恒定律和动量守恒定律。在流体的基础方程中，通过这些定律将流体的速度向量 u、压力 p 表示为时间 t 和位置 x 的函数。

假设使用正交坐标系（x, y, z）作为坐标，首先考虑质量守恒方程（也称为连续性方程）。考虑流体中任意空间，假设流体不可压缩（密度的微分为零），则流入空间中的流体体积等于流出体积。这里用式（1.1.1）来表示，

$$\nabla \cdot u = 0 \text{（或 div（} u \text{）=0）} \tag{1.1.1}$$

这里设流速向量 u 的 x, y, z 方向分量分别为 u, v, w，则上式可改为如式（1:1.2）表述：

$$\frac{\partial u}{\partial x} + \frac{\partial v}{\partial y} + \frac{\partial w}{\partial z} = 0 \tag{1.1.2}$$

此外，使用张量表示法可以更加简洁地描述。即式（1.1.3）：

$$\frac{\partial u_i}{\partial x_i} = 0 \tag{1.1.3}$$

张量表示法中，坐标（x, y, z）用 x_i（i=1, 2, 3）表示，流速 $u \equiv$（u, v, w）用 u_i（i=1, 2, 3）表示。张量表示法中同一下标出现两次时，对其采取缩写。如式（1.1.4），

$$\frac{\partial u_i}{\partial x_i} \equiv \frac{\partial u_1}{\partial x_1} + \frac{\partial u_2}{\partial x_2} + \frac{\partial u_3}{\partial x_3}, \quad a_i b_i \equiv a_1 b_1 + a_2 b_2 + a_3 b_3 \tag{1.1.4}$$

接下来考虑动量守恒方程。这里假设密度及黏性不变，可得到式（1.1.5）：

$$\frac{\partial \boldsymbol{u}}{\partial t} + (\boldsymbol{u} \cdot \nabla) \boldsymbol{u} = -\frac{1}{\rho} \nabla p + \nabla \cdot v (\nabla \boldsymbol{u} + (\nabla \boldsymbol{u})^{\mathrm{T}})$$
$$\tag{1.1.5}$$
$$= -\frac{1}{\rho} \nabla p + v \nabla^2 \boldsymbol{u}$$

其中，p 是压力，v 是运动黏性系数。

上式是向量表示法，因此该式包含了关于 x，y，z 方向各分量的三个式子。这里只列举 x 方向分量如式（1.1.6）：

$$\frac{\partial u}{\partial t} + \frac{\partial uu}{\partial x} + \frac{\partial uv}{\partial y} + \frac{\partial uw}{\partial z} = -\frac{1}{\rho} \frac{\partial p}{\partial x} + v \left(\frac{\partial^2 u}{\partial x^2} + \frac{\partial^2 u}{\partial y^2} + \frac{\partial^2 u}{\partial z^2} \right) \tag{1.1.6}$$

此外，式（1.1.5）采用张量表示法可表示为式（1.1.7）：

$$\frac{\partial u_i}{\partial t} + \frac{\partial u_i u_j}{\partial x_j} = -\frac{1}{\rho} \frac{\partial p}{\partial x_i} + \frac{\partial}{\partial x_j} \left\{ v \left(\frac{\partial u_i}{\partial x_j} + \frac{\partial u_j}{\partial x_i} \right) \right\} \tag{1.1.7}$$

式（1.1.7）被称为纳维 – 斯托克斯方程（Navier–Stokes）方程（以下简称 N–S 方程）或动量方程。此方程表示单位质量流体的动量随时间的变化是由对流、压力和摩擦力引起的。另外，当需要考虑地球自转所产生的科里奥利力和温差所产生的浮力时，这些力作为外力施加到式（1.1.7）上。

简略起见本书原则上使用张量表示法。

1.2　标量（热量、污染物）的输运基础方程

热量和污染物等通过流动进行输运的过程中仅具有大小的量一般称为标量。此外，标量大致可分为不影响流动而单纯被动输运的被动标量和通过浮力等对流动产生影响的主动标量两种。

我们生活的环境一般是有温度分布的非等温状态，在研究温热舒适性等问题时，经常需要考虑温度分布。温度是主动标量的典型例子，考虑浮力的影响，非压缩、非等温流动的基础方程组用式（1.2.1）~ 式（1.2.3）表达。

$$\frac{\partial u_i}{\partial x_i} = 0 \tag{1.2.1}$$

$$\frac{\partial u_i}{\partial t} + \frac{\partial u_i u_j}{\partial x_j} = -\frac{1}{\rho} \frac{\partial p}{\partial x_i} + \frac{\partial}{\partial x_j} \left\{ v \left(\frac{\partial u_i}{\partial x_j} + \frac{\partial u_j}{\partial x_i} \right) \right\} - g_i \beta (\theta - \theta_0) \tag{1.2.2}$$

$$\frac{\partial \theta}{\partial t} + \frac{\partial u_j \theta}{\partial x_j} = \frac{\partial}{\partial x_j}\left(\alpha \frac{\partial \theta}{\partial x_j}\right) \tag{1.2.3}$$

这里，θ 是温度 [K]，g_i 是重力加速度的 i 方向分量 [m/s^2]，β 是体积膨胀率 [1/K]。考虑到热的对流和扩散，从热量守恒可以得到式（1.2.3）的温度输运方程。α 为热扩散率 [m^2/s]，运动黏性系数 ν 与它的比值称为普朗特数 Pr（$=\nu/\alpha$）。在本书所涉及的城市风环境中，与伴随温度变化的气体密度变化相比，常假设膨胀、收缩引起的密度变化足够小（布辛涅斯克近似条件成立），温度变化对动量方程式的影响只需在式（1.2.2）右侧第三项中作为浮力项体现。伴随密度变化的浮力影响，通过与基准温度的温度差 $\Delta\theta$（$=\theta-\theta_0$）来体现。需要注意的是，在处理密度变化较大的火灾和烟气流动问题时，这种近似不一定合适。除火灾和烟气流动外，在处理密度变化较大的气象尺度等问题时，还需要考虑气体状态方程式等。

除了热之外，水蒸气、污染物等各种物质的输运也可以和式（1.2.3）一样，通过考虑各物理量的守恒来导出，例如浓度的输运方程式可用式（1.2.4）表达。

$$\frac{\partial \phi}{\partial t} + \frac{\partial u_j \phi}{\partial x_j} = \frac{\partial}{\partial x_j}\left(\Gamma \frac{\partial \phi}{\partial x_j}\right) \tag{1.2.4}$$

Γ 是浓度扩散率 [m^2/s]，运动黏性系数 ν 与它的比被称为施密特数 Sc（$=\nu/\Gamma$）。当不能忽视空气和标量之间密度差时，与非压缩非等温流动中伴随温度差而产生的浮力项同样，需要在式（1.2.2）的右侧添加表示伴随密度差而产生的浮力附加项 [$g_i(\rho-\rho_0)/\rho_0$]。

1.3　湍流模型化的必要性

城市风环境问题所处理的流动，一般是雷诺数非常大的湍流。雷诺数 Re 是由流动的特征速度、特征长度和动黏性系数定义的无量纲数。以城市风环境为对象时，如下式所示，经常利用待评价的建筑物高度 H 为特征长度，建筑物高度 H 下的流入平均风速 U_H 为特征速度，空气的运动黏性系数 ν，基于它们设定 Re，如式（1.3.1）所示。

$$\mathrm{Re} = \frac{U_H H}{\nu} \tag{1.3.1}$$

湍流中包含着从细微脉动到巨大脉动等各种尺度的扰动。对湍流进行数值模拟时，可采用直接数值模拟（Direct Numerical Simulation：DNS），通过直接求解式（1.1.3）、式（1.1.7）所示的流体基础方程，就可以分析出流动中包含的所有尺度的旋涡。但是，为此需要使用十分精细的计算网格来分辨所有尺度的旋涡。动能在非常小的尺度上发生耗散并转化为热能，该尺度被称为科尔莫戈罗夫微观尺度 η[①]，根据量纲分析，系统的典型涡流尺度 L 和 η 比值可用雷诺数 Re 表示，如式（1.3.2）：

---

① 即 Kolmogorov scale。——译者注

$$\frac{L}{\eta} \sim \mathrm{Re}^{3/4} \tag{1.3.2}$$

考虑到湍流的三维性,对能够分辨特征涡尺度的计算网格数量至少需要达到 $(L/\eta)^3 \sim \mathrm{Re}^{9/4}$。建筑物周边和城市气流的雷诺数非常大,大约在 10^6 到 10^7 左右,同时考虑到计算区域特征涡尺度还要大,因此至少需要大约 $10^{15} = (100000)^3$ 程度的计算网格数量。

在实际应用中,CFD 模拟通常使用 $10^6 \sim 10^7$ 左右的计算网格,即使超级计算机大规模并行计算通常也只能达到 10^9 左右的计算网格,因此采用 DNS 模拟建筑物周边、城市内的流动几乎是不可能的。此外,有些问题如只需了解稳态流场的平均值,或了解影响阵风的数米尺度的脉动即可等。这些问题要求的精度不同,如果仅限于城市风环境等实用的问题,实际上不需要采用能解析到科尔莫戈罗夫尺度的 DNS,同时从有效利用有限的计算机资源的观点来说,也不应该实施不必要的大规模计算。

因此,可采用只对特定程度尺度之上的涡作为模拟对象,而较小尺度的脉动则由模型表现的方法。大体上可分为两种方法:一种是对于流体基础方程采取系综平均(即对于系统所有可能的状态,根据其出现概率采取加权平均。例如,对流场重复多次相同的实验,对各实验中流场的特定时间和位置的值,分别取平均值)作为模拟对象,这是一种被称为 RANS(Reynolds-Averaged Navier-Stokes Equations)模型的方法。另一种则是对同样的流体基础方程实施适当的空间滤波器进行粗视化,仅选择比滤波器宽度对应尺度更大的流动作为模拟对象,而比滤波器宽度尺度更小的脉动则用模型表现,这种方法被称为 LES(Large-Eddy Simulation)。用上述这两种方法分离出湍流脉动作为未知变量出现,需要根据已知变量(RANS 模型的平均风速,LES 的粗视风速等)近似求取,这种方法统称为湍流模型。

1.4　RANS 模型

1.4.1　基础方程的推导

考虑对连续性方程 [式(1.1.3)] 和 N-S 方程 [式(1.1.7)] 实施系综平均。首先,将方程中的各变量做如式(1.4.1)的分离。另,物理量的系综平均操作记为 $\langle f \rangle$。

$$f = \langle f \rangle + f' \tag{1.4.1}$$

将式(1.4.1)的关系代入式(1.1.3)和式(1.1.7),再对它们取系综平均,可得到如式(1.4.2)和式(1.4.3)所示的方程。另外,作为系综平均的性质,有 $\langle f' \rangle = 0$,$\langle \langle f \rangle \rangle = \langle f \rangle$,$\langle \langle f \rangle \cdot f' \rangle = 0$。

$$\frac{\partial \langle u_i \rangle}{\partial x_i} = 0 \tag{1.4.2}$$

$$\frac{\partial \langle u_i \rangle}{\partial t} + \frac{\partial \langle u_i \rangle \langle u_j \rangle}{\partial x_j} = -\frac{1}{\rho}\frac{\partial \langle p \rangle}{\partial x_i} + \frac{\partial}{\partial x_j}\left\{ v\left(\frac{\partial \langle u_i \rangle}{\partial x_j} + \frac{\partial \langle u_j \rangle}{\partial x_i}\right) - \langle u_i'u_j' \rangle \right\} \tag{1.4.3}$$

式(1.4.2)、式(1.4.3)分别是实施系综平均之后的连续性方程和 N-S 方程。

比较式（1.4.3）和原来的 N-S 方程 [式（1.1.7）]，可发现式（1.4.3）的右边增加了雷诺应力 $\langle u_i'u_j' \rangle$。从三维考虑 $\langle u_i'u_j' \rangle$ 是包含 9 个分量（考虑对称性简化为 6 个分量）的变量。由于在式（1.4.2）和式（1.4.3）的方程式系统中增加了这个新的未知变量，上述方程式系统将无法封闭。因此产生了一个新问题，即通过何种方法将新的未知变量用 $\langle u_i \rangle$ 等平均量来表现，从而设法将式（1.4.2）和式（1.4.3）的方程式系统封闭。

根据由分子动黏性系数 v 产生的剪切应力与速度梯度之间的关系式进行类比，引入涡黏性系数 v_t，将雷诺应力 $\langle u_i'u_j' \rangle$ 用平均速度梯度与 v_t 的乘积来推算雷诺应力 $\langle u_i'u_j' \rangle$ 的涡黏性模型；或者从动量方程数学推导出雷诺应力 $\langle u_i'u_j' \rangle$ 的输运方程，并将其与原方程联立以闭合方程系统的雷诺应力方程模型（DSM：Differential Stress Model）等广为人知。这里以模拟城市、建筑空间经常使用的涡黏性模型之一的 k-ε 型 2 方程模型为主进行说明。

1.4.2　k-ε 型 2 方程模型

k-ε 型 RANS 模型将雷诺应力近似为涡黏性，以封闭方程式系统。该模型在涡黏性近似时新求解湍流动能以及其黏性耗散率 ε 的输运方程，故被称为 k-ε 型 2 方程模型。最经典的标准 k-ε 模型 [1] 使用涡黏性的梯度扩散近似，在建筑物等 bluff body 周边流场中流体与壁面发生碰撞的区域，存在湍流能量 k 被高估的缺点 [2]，故各种改良模型也相继提出，以再现流动的碰撞和剥离现象。

（1）涡黏性近似

作为雷诺应力 $\langle u_i'u_j' \rangle$ 的模型，最简易、最基本的是所谓涡黏性模型（梯度扩散近似模型）。该模型通过类比由分子动黏性系数 v 产生的剪切应力与速度梯度的关系式，引入了涡黏性系数（或称湍流动黏性系数）v_t，将雷诺应力 $\langle u_i'u_j' \rangle$ 与平均速度梯度（应变率张量 [①]）和 v_t 联系起来，表示如式（1.4.4）：

$$\langle u_i'u_j' \rangle = -v_t\left(\frac{\partial \langle u_i \rangle}{\partial x_j} + \frac{\partial \langle u_j \rangle}{\partial x_i}\right) + \frac{2}{3}\delta_{ij}k = -2v_t\langle S_{ij} \rangle + \frac{2}{3}\delta_{ij}k \qquad （1.4.4）$$

其中，S_{ij} 是应变率张量，$S_{ij} = \frac{1}{2}\left(\frac{\partial u_i}{\partial x_j} + \frac{\partial u_j}{\partial x_i}\right)$。

式（1.4.4）右侧第二项中的 k 是湍流动能（$k = \frac{1}{2}\langle u_i'u_i' \rangle$）[②]。$\delta_{ij}$ 被称为克罗内克张量，是当 $i=j$ 时为 1，$i \neq j$ 时为 0 的函数。式（1.4.4）右边的第二项是数学上当 $i=j$ 时根据取两边缩写时恒等关系所需要的项。不过，该项经常包含在式（1.4.3）的压力项而不需要显式处理。需要注意的是，在这种情况下，由于 $\langle P \rangle = \langle p \rangle + \frac{2}{3}\rho k$，压力成为新的变量进行处理，所以在求压力时，需要减去湍流动能的影响。综上所述，得出如下式（1.4.5）。

---

① 即 strain rate tensor。——译者注
② 这里应用了爱因斯坦求和约定，三维空间中的湍流动能展开为 $k = \frac{1}{2}\langle u_i'u_i' \rangle = \frac{1}{2}\left(\langle u_1'u_1' \rangle + \langle u_2'u_2' \rangle + \langle u_3'u_3' \rangle\right)$。——译者注

$$\frac{\partial \langle u_i \rangle}{\partial t} + \frac{\partial \langle u_i \rangle \langle u_j \rangle}{\partial x_j} = -\frac{1}{\rho}\frac{\partial \langle P \rangle}{\partial x_i} + \frac{\partial}{\partial x_j}\left\{(v+v_t)\left(\frac{\partial \langle u_i \rangle}{\partial x_j} + \frac{\partial \langle u_j \rangle}{\partial x_i}\right)\right\} \tag{1.4.5}$$

由于建筑周边和城市流动的雷诺数足够大，分子动黏性系数相对于湍流动黏性系数而言足够小，所以有时也可以忽略分子动黏性系数。通过涡黏性近似引入的湍流动黏性系数 v_t 是新的未知数，需要使用某种方法进行建模。其中一种方法是根据 $k\text{-}\varepsilon$ 型 2 方程模型，概述如下。

（2）标准 $k\text{-}\varepsilon$ 模型

湍流动黏性系数 v_t 根据湍流的特征速度尺度 U 及特征长度尺度 l，可以表示如式（1.4.6）。

$$v_t = l \cdot U \tag{1.4.6}$$

此外，如果湍流的特征长度尺度 l 可以用特征速度尺度 U 和特征时间尺度 t_0 表示为 $l = U \cdot t_0$ 的话，式（1.4.6）可改写为式（1.4.7）。

$$v_t = U^2 \cdot t_0 \tag{1.4.7}$$

这里，若假设湍流的特征速度尺度 U 是湍流动能 k 的 1/2 次方，同时特征时间尺度 t_0 通过 k/ε 即每单位时间 k 的耗散率 ε 来评价，则可得到形如 $v_t \propto k^2/\varepsilon$ 的关系。这里将比例常数写成 C_μ，得到式（1.4.8）。

$$v_t = C_\mu \frac{k^2}{\varepsilon} \tag{1.4.8}$$

C_μ 是模型常数，经验赋值 0.09。求解 k 和 ε 各自的输运方程，从而得到根据式（1.4.8）利用 k 和 ε 求出 v_t 的 $k\text{-}\varepsilon$ 型 2 方程模型[1]。k 的输运方程是用式（1.1.3）的 N-S 方程减去式（1.4.3）的平均 N-S 方程，得到 u_i' 的输运方程，再乘以 u_i' 后实施系综平均得到如式（1.4.9）所示的方程：

$$\frac{\partial k}{\partial t} + \langle u_j \rangle \frac{\partial k}{\partial x_j} = P_k + D_k - \varepsilon \tag{1.4.9}$$

其中 P_k，D_k，ε 分别是 k 的产生项、扩散项和耗散项。

P_k 根据式（1.4.4）采用如式（1.4.10）和式（1.4.11）的模型。

$$P_k = -\langle u_i' u_j' \rangle \frac{\partial \langle u_i \rangle}{\partial x_j} = v_t\left(\frac{\partial \langle u_i \rangle}{\partial x_j} + \frac{\partial \langle u_j \rangle}{\partial x_i}\right)\frac{\partial \langle u_i \rangle}{\partial x_j} = v_t S^2 \tag{1.4.10}$$

$$S = \sqrt{\frac{1}{2}\left(\frac{\partial \langle u_i \rangle}{\partial x_j} + \frac{\partial \langle u_j \rangle}{\partial x_i}\right)^2} = \sqrt{2\langle S_{ij} \rangle \langle S_{ij} \rangle} \tag{1.4.11}$$

D_k 是 k 的扩散项，根据梯度扩散近似，采用如式（1.4.12）的模型[1]。

$$D_k = \frac{\partial}{\partial x_j}\left(\frac{v_t}{\sigma_k}\frac{\partial k}{\partial x_j}\right) \tag{1.4.12}$$

另外，式（1.4.9）中的 ε 是通过求解其输运方程求出的。ε 的输运方程表示为式（1.4.13）：

$$\frac{\partial \varepsilon}{\partial t} + \langle u_j \rangle \frac{\partial \varepsilon}{\partial x_j} = \frac{\partial}{\partial x_j} \left(\frac{v_t}{\sigma_\varepsilon} \frac{\partial \varepsilon}{\partial x_j} \right) + \frac{\varepsilon}{k} (C_{\varepsilon 1} P_k - C_{\varepsilon 2} \varepsilon) \tag{1.4.13}$$

ε 的输运方程可以通过用 x_k 对 $u_i{}'$ 的输运方程进行微分后，两边乘以 $2v$ （$\partial u_i / \partial x_k$），然后进行系综平均计算导出。但是，由于导出的 ε 的输运方程式很复杂，有很多难以用物理解释的项，因此通过与 k 的输运方程式来类推建模。扩散项与 k 的输运方程一样使用 ε 的空间梯度建模。另外，式（1.4.13）的右侧第二项是考虑到要将 k 的输运方程式产生项和耗散项对应的效果包含在 ε 的输运方程中，通过将 k 输运方程的产生项和耗散项统一用湍流的时间尺度（k/ε）去除从而得到的。对于式（1.4.9）和式（1.4.13）中出现的模型系数，Launder 和 Spalding 基于以各种流场为对象的数值实验进行了优化，提出 C_μ=0.09，σ_k=1.0，σ_ε=1.3，$C_{\varepsilon 1}$=1.44，$C_{\varepsilon 2}$=1.92[1]。该模型被称为标准 k-ε 模型，以区别于后来提出的各种改良型 k-ε 模型。

（3）标准 k-ε 模型中湍流动能的高估

标准 k-ε 模型是根据各向同性的涡黏性 v_t 进行建模的，因此在模拟对象为具有显著雷诺应力 $\langle u_i{}'u_j{}' \rangle$ 的非各向同性流场时，其预测精度有限。一个明显的例子是，在阻塞点等处引起湍流动能 k 的高估。其原因如下。

湍流动能 k 的产生项 P_k 由式（1.4.10）表示。在该式中，简单考虑二维情况的流动，并利用连续性方程消除右侧第二项的话，P_k 可以表示如式（1.4.14）。其中，设 x_1 为主流方向，设 x_2 为主流正交方向。

$$P_k = - (\langle u_1'^2 \rangle - \langle u_2'^2 \rangle) \underline{\frac{\partial \langle u_1 \rangle}{\partial x_1}} - \langle u_1'u_2' \rangle \frac{\partial \langle u_1 \rangle}{\partial x_2} - \langle u_1'u_2' \rangle \frac{\partial \langle u_2 \rangle}{\partial x_1} \tag{1.4.14}$$

这里，我们注意式（1.4.14）中标注＿＿的项。标准 k-ε 模型中，式（1.4.14）的＿＿项中的 $\langle u_1'^2 \rangle$、$\langle u_2'^2 \rangle$ 可根据式（1.4.4）建模如式（1.4.15）和式（1.4.16）：

$$\langle u_1'^2 \rangle = \frac{2}{3} k - 2v_t \frac{\partial \langle u_1 \rangle}{\partial x_1} \tag{1.4.15}$$

$$\langle u_2'^2 \rangle = \frac{2}{3} k - 2v_t \frac{\partial \langle u_2 \rangle}{\partial x_2} \tag{1.4.16}$$

这里，如果考虑连续性方程，则式（1.4.16）可变形为式（1.4.17）：

$$\langle u_2'^2 \rangle = \frac{2}{3} k + 2v_t \frac{\partial \langle u_1 \rangle}{\partial x_1} \tag{1.4.17}$$

将式（1.4.15）、式（1.4.17）所示的 $\langle u_1'^2 \rangle$、$\langle u_2'^2 \rangle$ 的涡黏性近似表示代入式（1.4.14）的＿＿项中，可得到式（1.4.18）：

$$式（1.4.14）的＿＿项 = 4v_t \left(\frac{\partial \langle u_1 \rangle}{\partial x_1} \right)^2 \tag{1.4.18}$$

该项永远为正值。通常当流体与物体发生碰撞时，由于阻塞点附近 $\dfrac{\partial \langle u_1 \rangle}{\partial x_1}$ 的值非常大，所以产生项本身的值就很大。但原来的表现形式是 $\langle u_1'^2 \rangle$ 和 $\langle u_2'^2 \rangle$ 互减，故可以取正值或负值。因此，在将标准 k-ε 模型应用于建筑物周边等的流动时，由于迎风角附近的 k 的高估，会导致附近的剥离和回流的再现性变差 [2]。

（4）LK 模型

为了消除阻塞点附近的高估，Launder 和 Kato 着眼于涡度尺度 Ω 在阻塞点附近变小的情况，通过将 Ω 引入 P_k 的计算式 [式（1.4.19）和式（1.4.20）]，提出了改良的 k-ε 模型 [3]。

$$P_k = v_t S \Omega \tag{1.4.19}$$

$$\Omega = \sqrt{\frac{1}{2}\left(\frac{\partial \langle u_i \rangle}{\partial x_j} - \frac{\partial \langle u_j \rangle}{\partial x_i}\right)^2} = \sqrt{2\langle \Omega_{ij} \rangle \langle \Omega_{ij} \rangle} \tag{1.4.20}$$

其中，Ω_{ij} 是涡度张量 [1]，$\Omega_{ij} = \dfrac{1}{2}\left(\dfrac{\partial u_i}{\partial x_j} - \dfrac{\partial u_j}{\partial x_i}\right)$。

（5）改良 LK 模型

对于 LK 模型，在 $\Omega/S < 1$ 时标准 k-ε 模型中由式（1.4.10）计算的 P_k 减小，在像纯粹的剪切流那样 $\Omega/S = 1$ 的流动中与式（1.4.10）相同。但是在 $\Omega/S \geqslant 1$ 的区域中，使用式（1.4.19）计算 P_k 时比标准 k-ε 模型更大。村上等人为了避免这种情况，将式（1.4.19）的适用范围限定在 $\Omega/S < 1$ 的情况，$\Omega/S \geqslant 1$ 时则使用通常的 P_k 计算式 [式（1.4.10）]，该方法被称为改良 LK 模型 [4]，如式（1.4.21）和式（1.4.22）所示。

$$P_k = v_t S^2 \quad (\Omega/S \geqslant 1) \tag{1.4.21}$$

$$P_k = v_t S \Omega \quad (\Omega/S < 1) \tag{1.4.22}$$

（6）MMK 模型

在 LK 模型及改良 LK 模型中，雷诺应力采用不经修正的常规 v_t [式（1.4.8）] 进行建模，仅对 P_k 进行修正，因此缺乏模型的一致性。也就是说，产生了数学上的矛盾，即湍流动能 k 的输运方程中的 P_k 与平均动能 K（$= \langle u_i \rangle \langle u_i \rangle /2$）的输运方程中从平均流到脉动分量的能量输送项 P_k 不匹配。对此，村上等人提出 v_t 的模型也采用关于 Ω/S 的函数（MMK 模型 [5]）。该模型的 P_k 计算式 [式（1.4.23）] 与标准 k-ε 模型的形式相同，但在 $\Omega/S < 1$ 时由于 v_t 的值由式（1.4.25）计算，最终，P_k 的计算式 [式（1.4.23）~ 式（1.4.25）] 与改良 LK 模型相同 [式（1.4.22）]。

$$P_k = v_t S^2 \tag{1.4.23}$$

$$v_t = C_\mu \frac{k^2}{\varepsilon} \quad (\Omega/S \geqslant 1) \tag{1.4.24}$$

$$v_t = \left(C_\mu \cdot \frac{\Omega}{S}\right)\frac{k^2}{\varepsilon} \quad (\Omega/S < 1) \tag{1.4.25}$$

---

[1]　即 vorticity tensor。——译者注

（7）Durbin 模型

与 MMK 模型相同，Durbin 也提出了通过修正 ν_t 而不是修改 P_k 的改良型 $k\text{-}\varepsilon$ 模型[6]。

ν_t 通过量纲分析可以进行如式（1.4.26）模型化。

$$\nu_t = C_\mu \langle v^2 \rangle T \tag{1.4.26}$$

其中，$\langle v^2 \rangle$ 是速度变化尺度，T 是时间尺度。式（1.4.26）中使用作为速度变化尺度的 k 和作为时间尺度的 k/ε 可得到标准 $k\text{-}\varepsilon$ 模型中 ν_t 的计算式 [式（1.4.8）]。

Durbin 根据 "realizability" 的限制（正应力为正即 $\langle u_i'u_i' \rangle \geqslant 0$，以及速度的相关系数不超过 1 即 $\langle u_i'u_j' \rangle^2 / \langle u_i'^2 \rangle \langle u_j'^2 \rangle \leqslant 1$），对时间尺度，给出了如式（1.4.27）所示的模型限制[6,7]。

$$T = \min\left(\frac{k}{\varepsilon} , \frac{2k}{3\langle v^2 \rangle C_\mu} \sqrt{\frac{3}{8S^2}} \right) \tag{1.4.27}$$

如果采用速度变化尺度 k，则变为式（1.4.28）。

$$T = \min\left(\frac{k}{\varepsilon} , \frac{1}{\sqrt{6}C_\mu S} \right) \tag{1.4.28}$$

换言之，该模型计算与 S 的大小成反比的时间尺度 T，当 T 小于标准 $k\text{-}\varepsilon$ 模型 k/ε 的时间尺度 k/ε 时使用该时间尺度，当 T 大于 k/ε 时则与 $k\text{-}\varepsilon$ 模型相同。该模型适用于高层建筑周边流场，与标准 $k\text{-}\varepsilon$ 模型、LK 模型和 MMK 模型等其他改进型模型相比，具有更高的精度[8]。需要注意的是，由于对主轴应力的 "realizability" 的限制而施加时间尺度的限制条件，在应变率张量的对角分量缺少 2 个分量的二维流中，时间尺度限制条件应为式（1.4.29）所示。

$$T = \min\left(\frac{k}{\varepsilon} , \frac{\sqrt{2}}{3C_\mu S} \right) \tag{1.4.29}$$

（8）RNG $k\text{-}\varepsilon$ 模型

Yakhot 和 Orszag 将重整化群理论（Renormalization Group Theory）应用于湍流开发了 RNG $k\text{-}\varepsilon$ 模型[9]，如式（1.4.30）~ 式（1.4.32）所示，标准 $k\text{-}\varepsilon$ 模型中出现的常数群是根据实验等结果经验地确定的，而 RNG $k\text{-}\varepsilon$ 模型则是根据傅立叶分析得到的理论常数。与标准 $k\text{-}\varepsilon$ 模型的主要差异在于 ε 的输运方程中附加了表示主流方向应变效果的项。

$$\frac{\partial \varepsilon}{\partial t} + \langle u_j \rangle \frac{\partial \varepsilon}{\partial x_j} = \frac{\partial}{\partial x_j}\left(\frac{\nu_t}{\sigma_\varepsilon} \frac{\partial \varepsilon}{\partial x_j} \right) + \frac{\varepsilon}{k}(C_\varepsilon^* P_k - C_{\varepsilon 2}\varepsilon) \tag{1.4.30}$$

$$C_{\varepsilon 1}^* = 1.42 - \frac{\eta\,(1 - \eta/4.38)}{1 + 0.012\eta^3} \tag{1.4.31}$$

$$\eta = \frac{k}{\varepsilon} S \tag{1.4.32}$$

ν_t 模型中的 C_μ、式（1.4.9）中的 σ_k 和式（1.4.30）中的 $C_{\varepsilon 2}$、σ_ε 的值由 RNG 理论推导得出：

C_μ=0.085，$C_{\varepsilon2}$=1.68，$\sigma_k=\sigma_\varepsilon$=0.719。

（9）Realizable k-ε 模型

Shih 等人为了满足前文所述的 "realizability"，将 C_μ 修改为关于平均速度梯度和湍流动能 k 和 ε 的变量，并修改了 ε 方程，提出了 Realizable k-ε 模型[10]，如式（1.4.33）~ 式（1.4.34）。A_s 是模型常数，U^* 是由考虑速度应变率张量和系统旋转的涡度张量构成的参数。

$$C_\mu=\frac{1}{4.04+A_s U^* k/\varepsilon} \tag{1.4.33}$$

$$U^*=\sqrt{\langle S_{ij}\rangle\langle S_{ij}\rangle+\langle\Omega_{ij}\rangle\langle\Omega_{ij}\rangle} \tag{1.4.34}$$

在 U^* 的计算中，参考文献 [10] 考虑到整个系统旋转的状态，导入了旋转坐标系下的平均涡度，但是当以城市、建筑空间为对象时，很少考虑旋转坐标系，故省略了考虑旋转坐标系时必要的项。此外，A_s 由式（1.4.35）~ 式（1.4.37）定义。

$$A_s=\sqrt{6}\cos\psi,\ \psi=\frac{1}{3}\arccos\left(\sqrt{6}\,W\right),\ W=\frac{\langle S_{ij}\rangle\langle S_{jk}\rangle\langle S_{ki}\rangle}{\tilde{S}^3}, \tag{1.4.35}$$

$$\tilde{S}=\sqrt{\langle S_{ij}\rangle\langle S_{ij}\rangle}$$

$$\frac{\partial\varepsilon}{\partial t}+\langle u_j\rangle\frac{\partial\varepsilon}{\partial x_j}=\frac{\partial}{\partial x_j}\left(\frac{v_t}{\sigma_\varepsilon}\frac{\partial\varepsilon}{\partial x_j}\right)+C_1 S\varepsilon-C_2\frac{\varepsilon^2}{k+\sqrt{v\varepsilon}} \tag{1.4.36}$$

$$C_1=\max\left[0.43,\ \frac{\eta}{\eta+5}\right] \tag{1.4.37}$$

式（1.4.36）中的 C_2 是常数（参考文献 [10] 取值 1.9）。

1.4.3　低雷诺数型 k-ε 模型

第 1.4.2 节叙述的各种 k-ε 模型是以充分发展的湍流流场为对象，对于壁面附近湍流的衰减效果和强稳定分层化引起的伪层流化明显的流场，一般不能给出高精度的解。为了改善这一点，继 Jones 和 Launder[11] 之后，Launder 和 Sharma[12]、Abe et al.[13] 等人提出了各种低雷诺数型 k-ε 模型，并取得了成功。为了区别于低雷诺数型 k-ε 模型，1.4.2 节的各种 k-ε 模型有时也被称为高雷诺数型 k-ε 模型。湍流在壁面法线方向上的速度分量与平行于壁面的其他两个分量相比，呈现快速衰减的二阶渐进特性，同时雷诺应力呈现三阶渐进特性，到壁面上则变为零。衰减函数或模型函数在能否满足这些渐进特性这一点进行讨论和评价。

低雷诺数型 k-ε 模型的特点主要体现在以下几个方面。

1）在壁面附近计算涡黏性系数时，引入以壁面坐标和湍流雷诺数等为参数的衰减函数。

2）ε 输运方程的产生项和耗散项导入模型函数。

3）对壁面附近区域进行十分细致的网格划分，使壁面附近的若干层网格达到层流状态，然后对壁面的速度边界条件设定为 no-slip 条件（在高雷诺数型 $k-\varepsilon$ 模型中，划分网格时通常将壁面墙面第 1 层网格的速度定义点置于湍流区域并施加对数法则）。

一般的低雷诺数型 $k-\varepsilon$ 模型由式（1.4.38）~ 式（1.4.40）表示：

$$\frac{\partial k}{\partial t}+\langle u_j\rangle\frac{\partial k}{\partial x_j}=D_k+P_k-(\varepsilon+D) \tag{1.4.38}$$

$$\frac{\partial \varepsilon}{\partial t}+\langle u_j\rangle\frac{\partial \varepsilon}{\partial x_j}=D_\varepsilon+\frac{\varepsilon}{k}(C_{\varepsilon 1}f_1 P_k-C_{\varepsilon 2}f_2\varepsilon)+E \tag{1.4.39}$$

$$v_{\mathrm{t}}=C_\mu f_\mu\frac{k^2}{\varepsilon} \tag{1.4.40}$$

Jones 和 Launder 模型[11] 中，D 和 E 如式（1.4.41）和式（1.4.42）所示。

$$D=-2v\left(\frac{\partial k^{1/2}}{\partial x_{\mathrm{n}}}\right)^2 \tag{1.4.41}$$

$$E=2vv_{\mathrm{t}}\left(\frac{\partial^2\langle u\rangle}{\partial x_{\mathrm{n}}^{2}}\right) \tag{1.4.42}$$

其中 $f_1=1.0$，$f_2=1.0-0.3\exp(-R^2)$，$f_\mu=\exp\{-2.5/(1+R/50)\}$，$R$ 也称为湍流雷诺数，$R=k^2/v\varepsilon$。下角标 n 表示墙面法线方向。根据模型的不同，也有将 $\tilde\varepsilon=\varepsilon+D$ 作为新的变量，解出 $\tilde\varepsilon$ 的输运方程，并以 $\tilde\varepsilon=0$ 作为 $\tilde\varepsilon$ 的壁面边界条件。此时，取 $D=0$。目前已提出了各种 E 的模型和衰减函数。

1.4.4　其他 RANS 模型

目前，还有使用由速度应变率和涡度定义的时间尺度来校正湍流时间尺度的混合时间尺度模型[14]；在雷诺应力的涡黏性近似中加入与速度梯度成比例的线性项，考虑非线性项的模型[15, 16, 17, 18] 等。

本书重点介绍了作为代表性 RANS 模型的 $k-\varepsilon$ 型 2 方程模型，但在推测涡黏性时，并非一定要求解 k 和 ε 的输运方程。在航空领域，定义了 $\omega=\varepsilon/\beta k$（$\beta$ 是模型系数）这一新变量，并求解 k 和 ω 的输运方程的 $k-\omega$ 型 2 方程模型[19, 20]。ω 的单位为 s^{-1}，可以解释为湍流动能向热能的转换率或湍流的特征周期等。壁面附近使用 $k-\omega$ 模型、远离壁面区域使 $k-\varepsilon$ 模型的 SST $k-\omega$ 模型[21] 不仅在航空领域，在工学领域也开始广泛应用。SST $k-\omega$ 模型中 ω 的输运方程由式（1.4.43）表示：

$$\frac{\partial \omega}{\partial t}+\langle u_j\rangle\frac{\partial \omega}{\partial x_j}=\frac{\partial}{\partial x_j}\left\{\left(v+\frac{v_{\mathrm{t}}}{\sigma_\omega}\right)\frac{\partial \omega}{\partial x_j}\right\}+\alpha\frac{\omega}{k}P_k-\beta\omega^2+2(1-F_1)\frac{\sigma_{\omega 2}}{\omega}\frac{\partial k}{\partial x_j}\frac{\partial \omega}{\partial x_j} \tag{1.4.43}$$

其中 α、β、σ_ω、$\sigma_{\omega2}$ 是模型系数，F_1（$0 \leq F_1 \leq 1$）是决定 k-ε 模型和 k-ω 模型混合比例的参数，$F_1=0$ 为 k-ε 模型，$F_1=1$ 为 k-ω 模型。式（1.4.43）是将 $\varepsilon=\beta k\omega$ 代入式（1.4.13）的 ε 的输运方程中整理所得。k-ω 模型[19, 20]不包含式（1.4.43）的右侧第三项，$F_1=1$ 时解包含右侧第三项的 ω 输运方程等同于解 ε 输运方程。关于 F_1 的给出方法和各种模型系数等详细内容，请见参考文献[21]。

此外，不将雷诺应力近似为涡黏性而直接求解雷诺应力输运的 DSM 模型也广为人知。该模型以 N–S 方程为起点，用式（1.4.48）表达。

$$\frac{\partial \langle u'_i u'_j \rangle}{\partial t} + \langle u_k \rangle \frac{\partial \langle u'_i u'_j \rangle}{\partial x_k} = D_{ij} + \Pi_{ij} + P_{ij} - \varepsilon_{ij} \qquad (1.4.44)$$

其中 D_{ij}、Π_{ij}、P_{ij} 和 ε_{ij} 分别是雷诺应力的扩散项、压力 – 应变率相关项、产生项和耗散项，定义如式（1.4.45）～式（1.4.48）。

$$D_{ij} = \frac{\partial}{\partial x_k} \left\{ -\langle u'_i u'_j u'_k \rangle - \frac{1}{\rho} \langle p' u'_i \rangle \delta_{jk} - \frac{1}{\rho} \langle p' u'_j \rangle \delta_{ik} \right\} + v \left(\frac{\partial^2 \langle u'_i u'_j \rangle}{\partial x_k^2} \right) \qquad (1.4.45)$$

$$\Pi_{ij} = \left\langle \frac{p'}{\rho} \left(\frac{\partial u'_i}{\partial x_j} + \frac{\partial u'_j}{\partial x_i} \right) \right\rangle \qquad (1.4.46)$$

$$P_{ij} = -\langle u'_i u'_k \rangle \frac{\partial \langle u_j \rangle}{\partial x_k} - \langle u'_j u'_k \rangle \frac{\partial \langle u_i \rangle}{\partial x_k} \qquad (1.4.47)$$

$$\varepsilon_{ij} = 2v \left\langle \frac{\partial u'_i}{\partial x_k} \cdot \frac{\partial u'_j}{\partial x_k} \right\rangle \qquad (1.4.48)$$

除产生项以外的各项中出现了比雷诺应力更高阶的相关项和压力 – 应变率相关项，所以必须使用低阶变量对这些项进行建模，基础方程因此变得复杂。加之雷诺应力的边界条件难以确定等原因，DSM 在建筑周边的风环境预测中并不常用，故此处省略各项详细模型的说明。但对于雷诺应力的传输方程，可以从 LES 获得的流场数据库中计算方程的每个项，常用于尝试解释流场的形成机制和评估 RANS 模型的研究[22–24]。

近年来，Yoshizawa et al.[25]以雷诺应力输运方程为起点，推导出涡黏性系数的输运方程式（1.4.49），提出了 k、ε、v_t 三个变量的输运方程求解模型，目前处于判断是否适用于建筑物周围气流的研究当中[26]。

$$\frac{Dv_t}{Dt} = D_v + P_v - \varepsilon_v + A_v \qquad (1.4.49)$$

这里 D_v、P_v、ε_v 和 A_v 分别是涡黏性系数输运方程的扩散项、产生项、耗散项和雷诺应力输运方程的对流项起因，模型如式（1.4.50）～式（1.4.53）。

$$D_v = \frac{\partial}{\partial x_j} \left[\left(v + \frac{v_t}{\sigma_v} \right) \frac{\partial v_t}{\partial x_j} \right] \qquad (1.4.50)$$

$$P_v = C_{vp} k \tag{1.4.51}$$

$$\varepsilon_v = C_{v\varepsilon} \frac{1}{\tau} v_t \tag{1.4.52}$$

$$A_v = -\frac{1}{2} \frac{1}{|S|^2} \frac{D|S|^2}{Dt} v_t \tag{1.4.53}$$

其中，τ 是湍流时间尺度（$= (k/\varepsilon) / \Lambda$），$\Lambda = 1/\sqrt{1 + C_s (k/\varepsilon S_{ij})^2 + C_\Omega (k/\varepsilon \Omega_{ij})^2}$，$C_s = 0.015$，$C_\Omega = 0.02 C_s$，$\sigma_v = 3.0$，$C_{vp} = 4/15$，$C_{v\varepsilon} = 3.5$。

1.4.5　非稳态 RANS 模型

建筑物后方弱风区域的风速分布，与伴随着建筑产生的旋涡导致的周期性变化有很大关系。这种周期性变化与用 RANS 模型得到的湍流脉动有着本质的不同。因此，即使是 RANS 模型，如果进行非稳态模拟，理论上也应该能将其重现[27, 28]。有报告称，使用 SST k-ω 模型进行模拟时，得到了这种周期性变化。然而，使用一般的梯度扩散近似型 k-ε 模型时，即使进行非稳态计算，很多情况下也无法再现这种周期性变化。Tominaga[29] 以 1∶1∶2 角柱周围的流动为对象，进行了 Steady-RANS（SRANS）和 Unsteady-RANS（URANS）的比较。对于 ε 输运方程中的产生项 P_ε，他们加入了一个附加项式（1.4.54）和式（1.4.55），该项表达了从平均风速的不稳定脉动的动能到湍流的能量输运，如 Younis 和 Zhou[30] 提出的由于建筑物后面的涡流释放而导致的平均流量的周期性波动。基于该模型，他们成功利用 URANS 再现了建筑物后方的周期性变化。

$$T_p = \frac{Q + k}{\left| \dfrac{D (Q+k)}{Dt} \right|} \tag{1.4.54}$$

$$P_\varepsilon = C_{\varepsilon 1} P_k \left(\frac{1}{T_t} + C_t \frac{1}{T_p} \right) \tag{1.4.55}$$

其中 Q 是平均动能，k 是湍流动能，P_k 是湍流动能输运方程式的产生项，T_t 是湍流的时间尺度，$C_t = 0.38$。

1.4.6　考虑标量输运的 RANS 模型

（1）非等温 RANS 模型

非等温、非压缩的基础方如式（1.4.56）和式（1.4.57）所示。

$$\frac{\partial u_i}{\partial t} + \frac{\partial u_i u_j}{\partial x_j} = -\frac{1}{\rho} \frac{\partial p}{\partial x_i} + \frac{\partial}{\partial x_j} \left\{ v \left(\frac{\partial u_i}{\partial x_j} + \frac{\partial u_j}{\partial x_i} \right) \right\} - g_i \beta (\theta - \theta_0) \tag{1.4.56}$$

$$\frac{\partial \theta}{\partial t} + \frac{\partial u_j \theta}{\partial x_j} = \frac{\partial}{\partial x_j} \left(\frac{v}{\mathrm{Pr}} \frac{\partial \theta}{\partial x_j} \right) \tag{1.4.57}$$

现在，对式（1.4.56）和式（1.4.57）进行系综平均，可得式（1.4.58）和式（1.4.59）。

$$\frac{\partial \langle u_i \rangle}{\partial t} + \frac{\partial \langle u_i \rangle \langle u_j \rangle}{\partial x_j}$$

$$= -\frac{1}{\rho}\frac{\partial \langle p \rangle}{\partial x_i} + \frac{\partial}{\partial x_j}\left\{ v\left(\frac{\partial \langle u_i \rangle}{\partial x_j} + \frac{\partial \langle u_j \rangle}{\partial x_i}\right) - \langle u_i' u_j' \rangle \right\} - g_i \beta \left(\langle \theta \rangle - \theta_0\right) \tag{1.4.58}$$

$$\frac{\partial \langle \theta \rangle}{\partial t} + \frac{\partial \langle u_j \rangle \langle \theta \rangle}{\partial x_j} = \frac{\partial}{\partial x_j}\left(\frac{v}{\mathrm{Pr}}\frac{\partial \langle \theta \rangle}{\partial x_j} - \langle u_j' \theta' \rangle\right) \tag{1.4.59}$$

式（1.4.59）的右侧出现了与速度和温度脉动相关的新未知项。$\langle u_j' \theta' \rangle$ 被称为湍流热通量，在非等温流场中是除了雷诺应力之外的另一个需要模型化的对象。

$\langle u_j' \theta' \rangle$ 与雷诺应力一样可以基于涡黏性近似模型化，也可基于 $\langle u_j' \theta' \rangle$ 的输运方程，这里介绍基于涡黏性近似的模型。假设湍流热通量与平均温度梯度成比例，则可得到式（1.4.60）。

$$\langle u_j' \theta' \rangle = -\alpha_t \frac{\partial \langle \theta \rangle}{\partial x_j} \tag{1.4.60}$$

其中，α_t 是湍流温度扩散系数。由于 α_t 是新的未知数，所以和 v_t 一样需要进行模型化。在模拟城市、建筑周边的气流时，通常假设动量扩散和热扩散具有相似性，用式（1.4.61）表示。

$$\alpha_t = \frac{v_t}{\mathrm{Pr}_t} \tag{1.4.61}$$

Pr_t 称为湍流普朗特数，常取定值 0.9。相对于普朗特数是物性参数，湍流普朗特数 Pr_t 则是模型系数，在不能假定动量扩散和热扩散具有相似性的流场中需要格外注意。

此外，根据 k-ε 模型，在给定 v_t 的情况下，ε 输运方程中添加了与动量方程式的浮力项对应的产生项，如式（1.4.62）和式（1.4.63）所示。

$$\frac{\partial k}{\partial t} + \frac{\partial \langle u_j \rangle k}{\partial x_j} = D_k + P_k + G_k - \varepsilon \tag{1.4.62}$$

$$\frac{\partial \varepsilon}{\partial t} + \frac{\partial \langle u_j \rangle \varepsilon}{\partial x_j} = D_\varepsilon + \frac{\varepsilon}{k}\left(C_{\varepsilon 1} P_k + C_{\varepsilon 3} G_k - C_{\varepsilon 2} \varepsilon \right) \tag{1.4.63}$$

其中，$G_k = -g_i \beta \langle u_i' \theta' \rangle$ 是湍流动能的浮力产生项。$C_{\varepsilon 3}$ 是模型系数 =1.44。k 输运方程的浮力产生项 G_k 是由包含浮力项的动量方程式中数学推导出的项，而 ε 输运方程的附加项 G_ε（$=G_k \cdot (\varepsilon/k)$）则是基于 k 输运方程式中湍流的产生和耗散是平衡状态的相关假设，并被由量纲分析得到的湍流时间尺度（k/ε）除的项，再组合进 ε 输运方程。关于模型系数 $C_{\varepsilon 3}$ 的处理，常用的有在非稳态时（G_k>0）取 $C_{\varepsilon 3}$=1.44 而稳态时（G_k<0）取 $C_{\varepsilon 3}$=0 的 Viollet 型方法[31]，及沿重力方向风速分量与正交方向风速分量之比的函数（$C_{\varepsilon 3}$=tanh$|v_g/v_h|$）的 Henkes 型方法[32]。

（2）湍流热通量梯度扩散近似的问题

$\langle u_i' \theta' \rangle$ 的输运方程是由式（1.4.57）的温度输运方程减去式（1.4.58）的系综平均后的温

度输运方程得到的温度脉动 θ' 输运方程，再乘以 u_i' 得到。以速度脉动 u_i' 的输运方程乘以 θ' 为基础，导出方程如式（1.4.64）。

$$\frac{\partial \langle u_i'\theta'\rangle}{\partial t} + \frac{\partial \langle u_j\rangle \langle u_i'\theta'\rangle}{\partial x_j} = D_{i\theta}+\Phi_{i\theta}+P_{i\theta(1)}+P_{i\theta(2)}+G_{i\theta}-\varepsilon_{i\theta} \tag{1.4.64}$$

其中，$D_{i\theta}$、$\Phi_{i\theta}$、$P_{i\theta(1)}$、$P_{i\theta(2)}$、$G_{i\theta}$ 和 $\varepsilon_{i\theta}$ 分别是 $\langle u_j'\theta'\rangle$ 的扩散项、压力温度梯度相关项、基于平均温度梯度的产生项、基于平均速度梯度的产生项、基于浮力的产生项及耗散项。基于浮力的产生项表示为 $G_{i\theta}=-g_i\beta\langle\theta'^2\rangle$，若 $g_i=(0,0,-9.8)$，则 $G_{3\theta}$ 总是为正。也就是说，$\langle u_3'\theta'\rangle$ 为正时（非稳态）增加 $\langle u_3'\theta'\rangle$，$\langle u_3'\theta'\rangle$ 为负时（稳态）$\langle u_3'\theta'\rangle$ 更加接近零。

基于梯度扩散近似的湍流热通量模型无法表现这种由 $G_{i\theta}$ 导致的 $\langle u_i'\theta'\rangle$ 增减，因此在非稳态时会发生对垂直方向湍流热通量的低估，而在稳态时则会高估。在以城市、建筑周边流场为对象的模拟中，多数情况下都使用基于梯度扩散近似的模型，但也有在城市、建筑周边流场中对 $\langle u_i'\theta'\rangle$ 进行模型化研究的案例[33]。当研究对象为浮力较大的流场时，必须注意湍流热通量的精度下降。

野口等[33]对湍流热通量进行评估，提出了如式（1.4.65）所示的加入浮力影响的模型。

$$\langle u_i'\theta'\rangle = -\frac{v_t}{\mathrm{Pr}_t}\frac{\partial\langle\theta\rangle}{\partial x_i} - \frac{k}{\varepsilon}C_\theta\langle\theta'^2\rangle g_i\beta \tag{1.4.65}$$

根据右侧第二项，将 $\langle u_i'\theta'\rangle$ 的浮力引起的产生项的效果并入了湍流热通量的评估中，$\langle\theta'^2\rangle$ 是通过梯度扩散近似给出的。野口等人[33]利用该模型模拟了非稳态的平板边界层，并与标准 k-ε 模型和 LES 的结果进行了比较。其结果相比标准 k-ε 模型有一定程度的改善，但与 LES 相比精度仍较低，需要进一步改进。

此外，在 k-ε 模型中，与基于 k 和 ε 的两个输运方程推算涡黏性系数类似，对于温度场也存在基于温度脉动的分散及其耗散率的输运方程估计温度扩散系数的温度场 2 方程模型[34, 35]，而不需要假定湍流普朗特数为常量。

（3）考虑标量（物质扩散）输运的 RANS 模型

非压缩流体中的标量输运方程的推导和温度输运方程一样，通过实施系综平均，可得到式（1.4.66）。

$$\frac{\partial\langle C\rangle}{\partial t} + \frac{\partial\langle u_j\rangle\langle C\rangle}{\partial x_j} = \frac{\partial}{\partial x_j}\left(\frac{v}{\mathrm{Sc}}\frac{\partial\langle C\rangle}{\partial x_j} - \langle u_j'C'\rangle\right) \tag{1.4.66}$$

同时，在不能忽视空气和标量之间密度差的情况下，对 N–S 方程实施系综平均，并且考虑密度差造成的浮力的附加项，可用式（1.4.67）表现。

$$\frac{\partial\langle u_i\rangle}{\partial t} + \frac{\partial\langle u_i\rangle\langle u_j\rangle}{\partial x_j}$$
$$= -\frac{1}{\rho}\frac{\partial\langle p\rangle}{\partial x_i} + \frac{\partial}{\partial x_j}\left\{v\left(\frac{\partial\langle u_i\rangle}{\partial x_j} + \frac{\partial\langle u_j\rangle}{\partial x_i}\right) - \langle u_i'u_j'\rangle\right\} + g_i\left(\langle\rho\rangle - \rho_0\right)/\rho_0 \tag{1.4.67}$$

式（1.4.65）中出现了与雷诺应力和湍流热通量类似的速度和标量脉动相关项 $\langle u_j'C' \rangle$，这被称为湍流标量通量（C 为浓度时则称为湍流浓度通量）。与雷诺应力和湍流热通量一样，$\langle u_j'C' \rangle$ 也需要模型化，和湍流热通量一样经常使用涡黏性近似，如式（1.4.68）和式（1.4.69）所示。

$$\langle u_j'C' \rangle = -\Gamma_t \frac{\partial \langle C \rangle}{\partial x_j} \tag{1.4.68}$$

$$\Gamma_t = \frac{v_t}{Sc_t} \tag{1.4.69}$$

其中，Γ_t 被称为湍流扩散系数，Sc_t 被称为湍流施密特数。当流场和标量场的扩散性状相似时，湍流施密特数为 1，但在建筑物周边流场等场合，常采用比 1 稍小的 0.7～0.9 左右的湍流施密特数，在实际应用中表现较好。

此外，在单体建筑物后方等卡门涡流影响较大的区域，有时施密特数取 0.3 左右与实验结果非常一致，但这本质上是由于建筑物后方的周期性变化无法再现而导致的雷诺应力低估的问题。将湍流施密特数设为 0.3 意味着相对于动量扩散的时间尺度，浓度以 3 倍以上的速度扩散，这在物理上并不恰当。在这种流场中，应该采取改善雷诺应力低估问题的方法，如根据所要求的精度应采用 LES 等可以再现建筑物后方周期性变化的方法 [36]。

1.5　LES

1.5.1　LES 概要

湍流由从大尺度（低频成分）到小尺度（高频成分）的各种大小不同尺度的旋涡构成。Large-Eddy Simulation（LES）只直接处理大尺度的湍流旋涡。大尺度的涡因流向而异，在城市、建筑空间中，受大气边界层的性状、建筑物的形状、配置等影响而变化很大，而小尺度涡的能量频谱具有普遍性。LES 针对这种小尺度涡的普遍性进行模型化，仅直接计算求解具有流场特征的大尺度涡。

对流场的变量进行空间滤波操作，$f(x_i)$ 可分解为计算网格能够分辨的 GS（Grid scale）分量（或称 Resolved scale 分量）$\overline{f(x_i)}$ 和网格无法分辨的 SGS（Subgrid scale）分量（或称 Unresolved scale 分量）$f''(x_i)$，如式（1.5.1）和式（1.5.2）所示。

$$f(x_1, x_2, x_3, t) = \overline{f}(x_1, x_2, x_3, t) + f''(x_1, x_2, x_3, t) \tag{1.5.1}$$

$$\overline{f}(x_1, x_2, x_3) = \int_{-\infty}^{\infty} \prod_{i=1}^{3} G(x_i - x_i') f(x_1', x_2', x_3') dx_1' dx_2' dx_3' \tag{1.5.2}$$

其中，式（1.5.2）是在空间三个方向上设置的一维滤波函数 $G(x_i)$。对式（1.1.3）和式（1.1.7）所示的连续性方程和 N-S 方程进行滤波操作，假设 $\overline{\frac{\partial f}{\partial x}} \approx \frac{\partial \overline{f}}{\partial x}$ 和 $\overline{\frac{\partial f}{\partial t}} \approx \frac{\partial \overline{f}}{\partial t}$，则经过滤

波操作的连续性方程和 N–S 方程由式（1.5.3）～式（1.5.5）表示：

$$\frac{\partial \overline{u}_i}{\partial x_i}=0 \tag{1.5.3}$$

$$\frac{\partial \overline{u}_i}{\partial t}+\frac{\partial \overline{u}_i \overline{u}_j}{\partial x_j}=-\frac{1}{\rho}\frac{\partial \overline{p}}{\partial x_i}+\frac{\partial}{\partial x_j}\left\{v\left(\frac{\partial \overline{u}_i}{\partial x_j}+\frac{\partial \overline{u}_j}{\partial x_i}\right)\right\}-\frac{\partial \tau_{ij}}{\partial x_j} \tag{1.5.4}$$

$$\tau_{ij}=\overline{u_i u_j}-\overline{u}_i \overline{u}_j \tag{1.5.5}$$

式（1.5.4）右侧第三项包含的 τ_{ij} 称为 SGS 应力项，是用 LES 模型化的对象。通过模型化 SGS 应力项，计算网格无法分辨的 SGS 湍流的影响就会被纳入 GS 的动量方程式（1.5.4）式中。由于通过 LES 模拟只能得知 GS 成分的信息，所以 SGS 模型就是将未知的 SGS 成分与 GS 成分的信息联系起来，形成封闭的方程式系统。

在详细介绍 SGS 模型之前，我们先来了解一下 SGS 应力项。将 $u_i=\overline{u}_i+u_i''$ 代入式（1.5.5），就可以展开成式（1.5.6）。

$$\begin{aligned}\tau_{ij}&=\overline{(\overline{u}_i+u_i'')(\overline{u}_j+u_j'')}-\overline{u}_i \overline{u}_j\\&=\overline{\overline{u}_i \overline{u}_j}-\overline{u}_i \overline{u}_j+\overline{u_i'' \overline{u}_j}+\overline{\overline{u}_i u_j''}+\overline{u_i'' u_j''}\end{aligned} \tag{1.5.6}$$

右侧第一项和第二项统称为 Leonard 项，第三项和第四项统称为 cross 项，第五项称为 SGS 雷诺应力。单独的 Leonard 项和 cross 项不满足伽利略不变性，已由 Germano[37] 修改。Leonard 项表示 GS 成分之间的关系，cross 项表示 GS 成分和 SGS 成分之间的关系，SGS 雷诺应力表示 SGS 成分之间的关系。Leonard 项是对 GS 成分的乘积进行滤波操作的项，本来没有模型化的必要，但是近年来 SGS 应力项 τ_{ij} 的分解不太重要，很多情况下把 τ_{ij} 本身作为模型化的对象。

1.5.2　SGS 模型

（1）标准 Smagorinsky 模型

SGS 应力 τ_{ij} 与 RANS 模型中的涡黏性近似一样，类比分子黏性从而进行梯度扩散近似，可假定与变形速率张量 $\overline{S}_{ij}$ 成比例，进行如式（1.5.7）的模型化[38]。

$$\tau_{ij}-\frac{1}{3}\delta_{ij}\tau_{kk}=-2v_{SGS}\overline{S}_{ij} \tag{1.5.7}$$

其中，v_{SGS} 是 SGS 涡动黏性系数。作为 SGS 中的基本物理量，如果选定了 SGS 动能 $k_{SGS}[=\frac{1}{2}(\overline{u_i u_i}-\overline{u}_i \overline{u}_i)]$ 的耗散率 ε_v 和网格尺度 $\overline{\Delta}$，根据量纲分析可以推导出式（1.5.8）。

$$v_{SGS}=\varepsilon_v^{1/3}(C_S\overline{\Delta})^{4/3} \tag{1.5.8}$$

C_S 是模型常数。此外，考虑 k_{SGS} 输运方程的产生项 $P_{k_{SGS}}$ 可表示如式（1.5.9）。

$$P_{k_{SGS}} = -\tau_{ij}\overline{S}_{ij} \tag{1.5.9}$$

对 k_{SGS} 的方程进行局部平衡假设（$P_{k_{SGS}} = \varepsilon_v$），用式（1.5.9）代入（1.5.8）式中的 ε_v，再用式（1.5.7）来近似 τ_{ij}，则 v_{SGS} 可用式（1.5.10）和式（1.5.11）表示：

$$v_{SGS} = (C_S \overline{\Delta})^2 |\overline{S}| \tag{1.5.10}$$

$$|\overline{S}| = (2\overline{S}_{ij}\overline{S}_{ij})^{1/2} \tag{1.5.11}$$

使用式（1.5.10）中的 v_{SGS}，通过式（1.5.7）来近似 τ_{ij} 的方法就是 Smagorinsky 模型。C_S 称为 Smagorinsky 常数，特别是将 C_S 作为常数处理的模型被称为标准 Smagorinsky 模型。根据流场的种类，C_S 的值已经优化到取 0.10（通道流）、0.10~0.12（建筑周边气流）、0.17~0.25（各向同性湍流）的程度 [39-42]。另外，$\overline{\Delta}$ 通常取 $\overline{\Delta} = (\overline{\Delta}_1\overline{\Delta}_2\overline{\Delta}_3)^{1/3}$（$\overline{\Delta}_i$：$i$ 方向的计算网格宽度）。

（2）标准 Smagorinsky 模型的特征

标准 Smagorinsky 模型已成功应用于各向同性湍流、均匀剪切流、通道湍流等基本流场 [39-42]。此外，还适用于建筑周边气流，基于与 RANS 模型的比较，尤其是建筑物后方的回流区域等，显示出了较高的预测精度 [2]。此外，将标准 Smagorinsky 模型应用于复杂的湍流场时，存在以下几个问题。

1）根据流场的特性，需要调整 C_S 的值。

2）由于 C_S 的值总是正的，故从原理上而言无法体现从 GS 到 SGS 的能量反向梯度传输。[注①]

3）无法表现壁面附近伴随湍流衰减的 v_{SGS} 衰减效果。

关于1），如前所述，需要根据流场的特征来区分 C_S 的值，但工学处理的复杂湍流场常常是各种类型的流动混杂在一起，预先确定一个 C_S 的最佳值往往较为困难。为了解决这一问题，研究者提出了从流场的各种物理量中提取流场特征，并针对每个网格点计算适当 C_S 的各种 dynamic 模型，后文将加以概述。在这些模型中，随着墙面附近的湍流衰减 C_S 有时可以接近零，因此不再需要使用衰减函数。

关于2），虽然后文所述存在能够表现反向梯度输送的模型，但由于负的 SGS 动黏性系数会导致数值不稳定，所以在实际应用中经常需要进行某种平均操作，将 C_S 限定为正值。C_S 始终为正意味着在数值稳定性方面非常坚固，因此在问世半个多世纪后的今天标准 Smagorinsky 模型在各种实际应用中仍广泛应用，这在某种意义上归因于2）的特征。不过，如果不需要捕捉墙面附近的细微湍流结构，在城市和建筑空间的 LES 中，即使是标准 Smagorinsky 模型，通过实施适当的网格划分，也能得到精度足够的结果。这是因为虽然无法再现能量的反向梯度传输，但 GS 和 SGS 之间，由于在 GS 的较大尺度和较小尺度中不仅是正向的能量输送，还包括瞬间的反向梯度输送，故 LES 直接处理 GS 的脉动时可加以反映。

---

① 原文此处较为简略。动能在湍流中主要从大尺度（GS）传递到小尺度（SGS），但有时能量从小尺度传递到大尺度（backscatter）。当发生 backscatter 时，从 CS 的速度梯度起与通常预想方向的反方向输送动量。但是，使用标准 Smagorinsky 模型时由于 C_S 总是为正，动量总是被 GS 从速度大的地方向小的地方输送，总是从 GS 向 SGS 传递能量，所以不能表现从 SGS 向 GS 能量反向传输。——译者注

关于 3），由于式（1.5.10）所得的 ν_{SGS} 在速度梯度较大的壁面附近被高估，通常将 van Driest 型 [43] 衰减函数乘以 $\overline{\Delta}$，对壁面附近的 ν_{SGS} 进行衰减修正。衰减函数由式（1.5.12）表示：

$$f_\mu = 1 - \exp\left(-x_n^+/A^+\right) \qquad (1.5.12)$$

x_n^+ 是用壁面坐标表示的壁面法线方向距离，A^+ 是经验常数约 25。但是，在离壁一定距离的面会造成均匀衰减，所以不一定能反映流动的局部特性 [44]。

dynamic 模型的一大优点是可以避免问题 3）中的需要计算衰减函数。后面将要介绍的 WALE 模型和相观结构 Smagorinsky 模型可以仅根据计算格子的应变率和涡度决定 C_{s}。近年来，在大规模计算中多采用基于 MPI 的并行计算，由于衰减函数的计算沿着壁面法线方向进行，因此经常跨越 MPI 并行计算分割的计算区域。该通信带来的计算负荷与 WALE 模型和相干结构 Smagorinsky 模型计算 C_{s} 所需的计算负荷相比，后者往往更小。

在标准 Smagorinsky 模型中，由于求解对基础方程进行空间平均操作后的变量（$\bar{u}_i$ 及 $\bar{p}$），没有显示考虑滤波器函数的形状，空间平均操作也没有明确体现。由于离散计算无法在空间上捕捉到比计算网格宽度小的速度脉动，因此实施计算网格宽度大小的空间平均从而分辨出 GS 分量，而比计算网格宽度小的湍流脉动影响则采用基于过滤尺度（即计算网格宽度）的 SGS 涡黏性系数进行模型化。此外，SGS 的特征湍流长度尺度可以认为是 $C_{\mathrm{s}}\overline{\Delta}$，能够分辨的 GS 速度脉动的最大频率（截断频率）根据计算网格宽度 $\overline{\Delta}$ 及 Smagorinsky 常数 C_{s} 的值而变化。对于城市风环境预测所使用的计算网格幅度，伴随对流项的迎风差分而产生的数值黏性的影响往往与 SGS 涡动黏性相同甚至更高。需要注意的是，采用迎风差分实际得到的速度脉动截断频率可能比根据计算网格宽度预估的截断频率小得多。因此，实际截断频率需要通过绘制得到的 GS 速度脉动功率谱等来确认。但是，在下节将要叙述的 Germano 的 Dynamic Smagorinsky 模型 [45] 中，在求 C_{s} 的过程中针对 GS 速度施加了比计算网格宽度更大的测试滤波器宽度，在使用测试滤波器时需要考虑滤波器的形状。

（3）Germano 的 Dynamic Smagorinsky 模型

针对前文所述的标准 Smagorinsky 模型的缺点，Germano 提出了根据流场特性的时间空间函数动态（dynamic）决定模型系数的 dynamic SGS 模型 [45]。在 Dynamic SGS 模型中，除了采用普通的网格滤波器（用 ● 标记）外，还引入了具有比其更大的滤波器宽度的测试滤波器（用 ● 标记）。对采用式（2.82）所示的普通网格滤波器的 N-S 方程用测试滤波器再次滤波，得到式（1.5.13）：

$$\frac{\partial \widehat{\bar{u}}_i}{\partial t} + \frac{\partial \overline{u}_i \overline{u}_j}{\partial x_j} = -\frac{1}{\rho}\frac{\partial \widehat{\bar{p}}}{\partial x_i} + \frac{\partial}{\partial x_j}\left(\nu \frac{\partial \widehat{\bar{u}}_i}{\partial x_j}\right) - \frac{\partial T_{ij}}{\partial x_j} \qquad (1.5.13)$$

其中，T_{ij} 被称为 Subtest Scale（STS）应力，由式（1.5.14）定义。

$$T_{ij} = \widehat{\overline{u_i u_j}} - \widehat{\bar{u}}_i \widehat{\bar{u}}_j \qquad (1.5.14)$$

其次，用 STS 应力 T_{ij} 和 SGS 应力 τ_{ij} [式（1.5.7）] 将 L_{ij} 定义如式（1.5.15）：

$$L_{ij} = T_{ij} - \widehat{\tau}_{ij} = \widehat{\overline{u}_i \overline{u}_j} - \widehat{\bar{u}}_i \widehat{\bar{u}}_j \qquad (1.5.15)$$

L_{ij} 对应于 $1/\overline{\Delta}$ 和 $1/\widehat{\overline{\Delta}}$ 之间的波频带所贡献的应力，可根据 GS 分量计算，因此被称为 resolved stress。此外，式（1.5.15）的关系称为 Germano identity。根据 Smagorinsky 模型可对 τ_{ij}、T_{ij} 进行模型化，如式（1.5.16）~ 式（1.5.18）所示。

$$\tau_{ij}-\frac{1}{3}\delta_{ij}\tau_{kk}=-2C\overline{\Delta}^2|\overline{S}|\overline{S}_{ij}\ (=-2v_{\mathrm{SGS}}\overline{S}_{ij}) \tag{1.5.16}$$

$$T_{ij}-\frac{1}{3}\delta_{ij}T_{kk}=-2C\widehat{\overline{\Delta}}^2|\widehat{\overline{S}}|\widehat{\overline{S}}_{ij} \tag{1.5.17}$$

$$\widehat{\overline{S}}_{ij}=\frac{1}{2}\left(\frac{\partial\widehat{\overline{u}}_i}{\partial x_j}+\frac{\partial\widehat{\overline{u}}_j}{\partial x_i}\right),\ |\widehat{\overline{S}}|=(2\widehat{\overline{S}}_{ij}\widehat{\overline{S}}_{ij})^{1/2} \tag{1.5.18}$$

其中，C 是模型系数，对应于 Smagorinsky 常数 C_{S} 的平方。在式（1.5.16）和式（1.5.17）中出现的 C 通常认为是相同的，因为假设两者的特征尺度没有太大差异。$\widehat{\overline{\Delta}}$ 是对应于滤波值 $\widehat{\overline{f}}$ 的滤波器宽度，通常由 $\widehat{\overline{\Delta}}=2\overline{\Delta}$ 给出。

将式（1.5.16）、式（1.5.17）代入式（1.5.15）可得式（1.5.19）：

$$L_{ij}=\left(\frac{1}{3}\delta_{ij}T_{kk}-2C\widehat{\overline{\Delta}}^2|\widehat{\overline{S}}|\widehat{\overline{S}}_{ij}\right)-\left(\frac{1}{3}\delta_{ij}\widehat{\tau}_{kk}-2C\overline{\Delta}^2\widehat{|\overline{S}|\overline{S}}_{ij}\right) \tag{1.5.19}$$

其中，记 $M_{ij}=\overline{\Delta}^2\widehat{|\overline{S}|\overline{S}}_{ij}-\widehat{\overline{\Delta}}^2|\widehat{\overline{S}}|\widehat{\overline{S}}_{ij}$，可得式（1.5.20）：

$$L_{ij}-\frac{1}{3}\delta_{ij}L_{kk}=2CM_{ij} \tag{1.5.20}$$

假设测试滤波器的系数在空间上变化很小，故可将 C 提出测试滤波器外，即 $C\overline{\Delta}^2\widehat{|\overline{S}|\overline{S}}_{ij}=C\widehat{\overline{\Delta}^2|\overline{S}|\overline{S}}_{ij}$。即使考虑到对称性式（1.5.20）也由 6 个独立方程组成，因此条件过剩，不能唯一地确定 C。对此，Lilly 提出通过最小平方法来决定式（1.5.20）的残差最小时的 C 的方法[46]。根据 Lilly 的方法，C 根据式（1.5.21）确定。到目前为止大部分情况下都采用 Lilly 的方法来确定 Dynamic SGS 模型中的 C。

$$C=\frac{1}{2}\frac{L_{ij}M_{ij}}{M_{kl}^2} \tag{1.5.21}$$

以上模型中的 τ_{ij}、T_{ij} 是基于 Smagorinsky 模型进行模型化，可以动态确定 Smagorinsky 常数，因此称为 dynamic Smagorinsky 模型。后文所示的模型也是动态确定 Smagorinsky 常数的模型，属于 dynamic 模型之一。通常所说的 dynamic Smagorinsky 模型一般指 Germano 等人提出的 dynamic Smagorinsky 模型，或 Germano 模型中加入使用 Lilly 方法确定 C 的模型。Dynamic Smagorinsky 模型中的系数 C 是通过式（1.5.21）动态表现为时间、空间的函数，而非普通 Smagorinsky 模型那样需要事先确定模型系数。同时在壁面附近 C 逐渐接近零，因此也不需要衰减函数。该模型也适用于二维棱柱周边流场，其有效性已得到确认[44]。

式（1.5.21）确定的 C 既可为正也可为负，所以能够表现反向梯度输运，但是会产生瞬时的、局部的负 SGS 涡黏性导致计算不稳定。为了防止这种情况，在通道流等统计上均匀的、具有方向性流动中，通常会在该方向上对式（1.5.21）的分子和分母进行平均以计算 C。不过，这种方法不适用于流场中不存在统一方向的复杂湍流场，所以在实际应用中为了避免数值不稳定性，当 C 为负值时将其替换为零，或者使用附近几个计算网格点的值进行空间平均。此外，Meneveau 等人还提出了 Lagrangian dynamic SGS 模型，该模型采用了沿流动的迹线方向对模型系数 C 进行平均的方法[47]。

（4）1 方程模型

在模拟气象尺度时，SGS 中包含的湍流动能很大。Deadroff 提出了解 SGS 湍流动能 k_{SGS} 的输运方程的 1 方程模型[48]。随后，Yoshizawa 和 Horiuti[49] 以及 Meong 和 Wyngaard[50] 等人也提出了 1 方程模型，其基本结构是通过解下面的 k_{SGS} 输运方程来求 k_{SGS} 的空间分布，利用式（1.5.22）和式（1.5.23）根据 k_{SGS} 动态地确定 SGS 涡动黏性系数 v_{SGS}。

$$\frac{\partial k_{SGS}}{\partial t}+\frac{\partial k_{SGS}\bar{u}_j}{\partial x_j}=\frac{\partial}{\partial x_j}\left\{\left(C_k v_{SGS}+v\right)\frac{\partial k_{SGS}}{\partial x_j}\right\}-\tau_{ij}\frac{\partial \bar{u}_i}{\partial x_j}-C_\varepsilon\frac{k_{SGS}^{3/2}}{\Delta} \tag{1.5.22}$$

$$v_{SGS}=C_v \Delta \sqrt{k_{SGS}} \tag{1.5.23}$$

式（1.5.22）右侧第二项是 k_{SGS} 产生项，右侧第三项是 k_{SGS} 耗散项。根据 Yoshizawa 和 Horiuti[49]，$C_v=0.10$，$C_k=2$，$C_\varepsilon=0.93$。1 方程式模型已经在机械工学等各种领域进行探讨，为此，Okamoto 和 Shima[51] 提出了精确表现墙面渐近行为的模型，如式（1.5.24）~式（1.5.28）所示。

（5）WALE 模型

Nicoud and Ducros[52] 考虑壁面渐近特性，使用应变率和涡度张量，在不使用 van Driest 型衰减函数的情况下使用 SGS 涡黏性系数正确再现壁面渐近行为（$v_{SGS}=O(y^3)$，y 表示距壁面的距离）的 WALE（Wall-Adapting Local Eddie-viscosity）模型。

$$v_{SGS}=\left(C_w \bar{\Delta}\right)^2\frac{\left(S_{ij}^d S_{ij}^d\right)^{3/2}}{\left(\bar{S}_{ij}\bar{S}_{ij}\right)^{5/2}+\left(S_{ij}^d S_{ij}^d\right)^{5/4}} \tag{1.5.24}$$

$$S_{ij}^d=\frac{1}{2}\left(\bar{g}_{ij}^2+\bar{g}_{ji}^2\right)-\frac{1}{3}\delta_{ij}\bar{g}_{kk}^2$$
$$=\bar{S}_{ik}\bar{S}_{kj}+\bar{\Omega}_{ik}\bar{\Omega}_{kj}-\frac{1}{3}\delta_{ij}\left(\bar{S}_{mn}\bar{S}_{mn}-\bar{\Omega}_{mn}\bar{\Omega}_{mn}\right) \tag{1.5.25}$$

$$\bar{g}_{ij}=\frac{\partial \bar{u}_i}{\partial x_j} \tag{1.5.26}$$

$$\bar{g}_{ij}^2=\bar{g}_{ik}\bar{g}_{kj} \tag{1.5.27}$$

$$\bar{\Omega}_{ij}=\frac{1}{2}\left(\frac{\partial \bar{u}_i}{\partial x_j}-\frac{\partial \bar{u}_j}{\partial x_i}\right) \tag{1.5.28}$$

C_w 是唯一的模型常数，需要根据流场性质设定。Nicoud and Ducros[52] 对几个流场的 $\alpha=C_w^2/C_s^2$ 进行了分析，提出 $\alpha\sim10.8$，与 $C_s=0.18$（各向同性湍流）对应的 C_w 是 $0.55\leqslant C_w\leqslant0.60$ 左右。

在 WALE 模型中，无须 Dynamic Smagorinsky 模型 [45, 46] 中的测试滤波操作和邻近点信息就可以动态计算 SGS 涡黏性系数。

（6）相干结构 Smagorinsky 模型 ①

相比 Dynamic Smagorinsky 模型通过测试滤波器获取滤波器尺度附近的运动信息，Kobayashi[53, 54] 利用 GS 速度的第 2 不变量捕捉 GS 的运动信息，并以此提出了动态确定 Smagorinsky 常数 C_s 的相干结构 Smagorinsky 模型，如式（1.5.29）~ 式（1.5.32）所示。

$$C_s^2 = C = C_1 |F_{CS}|^{3/2} \tag{1.5.29}$$

$$F_{CS} = \frac{Q}{E} \tag{1.5.30}$$

$$Q = \frac{1}{2}(\bar{\Omega}_{ij}\bar{\Omega}_{ij} - \bar{S}_{ij}\bar{S}_{ij}) = -\frac{1}{2}\frac{\partial \bar{u}_j}{\partial x_i}\frac{\partial \bar{u}_i}{\partial x_j} \tag{1.5.31}$$

$$E = \frac{1}{2}(\bar{\Omega}_{ij}\bar{\Omega}_{ij} + \bar{S}_{ij}\bar{S}_{ij}) = \frac{1}{2}\left(\frac{\partial \bar{u}_j}{\partial x_i}\right)^2 \tag{1.5.32}$$

其中，$C_1 = 1/20$。壁面附近 F_{CS} 渐近于零，v_{SGS} 也自动渐近于零，因此不需要 van Driest 型衰减函数。此外，计算中经常计算速度应变率和涡度的范数，仅用这些即可简单地在程序中实现，这也是相干结构 Smagorinsky 模型的优点。

1.5.3　考虑标量输运的 LES

如果对温度和浓度的输运方程进行空间滤波操作，就会和 SGS 应力一样产生对流项导致的新项。以温度输运方程为例，如式（1.5.33）和式（1.5.34）所示。

$$\frac{\partial \bar{\theta}}{\partial t} + \bar{u}_j \frac{\partial \bar{\theta}}{\partial x_j} = \frac{\partial}{\partial x_j}\left(\alpha \frac{\partial \bar{\theta}}{\partial x_j}\right) - \frac{\partial h_j}{\partial x_j} \tag{1.5.33}$$

$$h_j = \overline{u_j\theta} - \bar{u}_j\bar{\theta} \tag{1.5.34}$$

h_j 是称为 SGS 热通量的新项，通常采用梯度扩散近似，并按式（1.5.35）进行模型化。

$$h_j = -\frac{v_{SGS}}{Pr_{SGS}}\frac{\partial \bar{\theta}}{\partial x_j} \tag{1.5.35}$$

其中，Pr_{SGS} 称为 SGS 普朗特数，多取值 0.5 左右 [36, 55]。浓度方面也是如此，多采用 SGS 施密特数 Sc_{SGS}，通过梯度扩散近似予以模型化。对于 $Pr_{SGS} = 0.5$ 这一数值，虽然没有像 RANS 模型中的湍流普朗特数和湍流施密特数那样的依据和探讨案例，但 LES 直接求解了主要的脉动，同时在网格划分足够精细的情况下，Pr_{SGS} 的影响很小。Pr_{SGS} 和 Sc_{SGS} 也可以像动态确定 SGS 应力中包含的 Smagorinsky 常数的步骤一样，通过导入测试滤波器动态确定 [56-58]。

---

① 即 Coherent structure Smagorinsky model。——译者注

1.6　DES（RANS-LES 混合）

在雷诺数较大的流场（飞机的机翼周围、汽车周围、建筑周边气流等）中，实际应用时若将壁面附近的网格设置在黏性底层进行模拟则需要非常庞大网格，这很困难。在这种流场中实施 LES 时，经常根据距壁面第一层网格的风速，运用瞬时风速的某种法则，通过壁面函数来推算墙壁的摩擦应力。在大多数情况下，壁面法则适用于平均风速，在 LES 中，对于瞬时风速若使用包含壁面法则的边界条件，其可行性和摩擦应力的预测精度不一定能得到满足。在此背景下，航空领域提出了称为 DES（Detached eddy simulation）的 RANS–LES 混合方法 [59, 60]，即在壁面附近采用 RANS 模型，而在远离壁面区域使用 LES。这种方法在建筑周边气流也有一些应用案例，详细内容请见参考文献 [61-63]。

第 2 章　计算区域

2.1　计算区域大小及阻塞效果

使用 CFD 模拟建筑周边和城市空间的气流时，首先必须设定计算区域。当再现风洞实验等具有明确模拟区域的情况时，只需设定与其一致的计算区域即可。但进行以实际空间为对象的模拟时，就会将原本没有明确边界的大气和空间中的流动及其他物理量场限制在人为划分的有限大小的区域内。为了不对主要分析对象区域的流场产生不良影响，基本上将人为边界设定在远离主要对象的位置较好，但随着计算区域的扩大，计算量也会增大。因此需要根据模拟精度和计算负荷的平衡来设定合适大小的计算区域。

由于建筑物等的存在，计算区域中流体实际可通过的与主要流动方向正交的截面面积也会发生变化。特别是有大型建筑存在的场所，由于其阻塞效应引起缩流，建筑周边会产生比实际更大的风速。在与主流方向正交平面上的建筑物等的投影面积与计算区域截面面积之比称为阻塞率。根据分析对象的现象和物理量、要求的结果精度以及边界条件的赋予方式，阻塞率的容许值也会发生变化。但风洞实验中一般推荐 5% 以下的阻塞率，因此在 CFD 模拟中类似的值相对较好[64, 65]。但是，总体而言根据模拟对象，建议设置较大的计算区域，以便模拟结果不依赖计算区域的大小变化。

2.2　从流入面到风环境主要评价区域的距离

如果风环境主要评价区域离流入面太近，流入边界处的约束条件可能会干扰评价区域的结果，导致模拟精度下降。但是，如果主要评价区域距离流入面太远，在流入面设定的风速和湍流统计量的分布也有可能发生变化，因此应当以建筑物高度等为基准，将流入面设定在适当远离评价区域的位置。同时最好确认在流入面和评价区域前方的接近流各统计量分布没有明显改变。

流入面的接近流在下流处发生变化，是由于在流入面设定的风廓曲线在计算区域内使用的湍流模型等计算条件和地表边界条件不平衡导致的。因此，为了尽可能防止接近流的变化，也有通过简单地改变地表边界条件的粗糙度等参数以设定维持流入风特征最佳值的方法。但是这可能与实际的粗糙度有很大差异，因此需要注意在评价区域和接近流区域改变粗糙度的设定值。此外，不仅是地表边界，根据湍流模型的湍流生成和耗散过程的模型化与流入风轮廓的匹配性也很重要。有的研究为了设法在计算区内维持适当的流入风特征，还提出了为 k-ε 模型给出流入边界和地表边界的方法[66, 67]。但是，这种风廓线不一定与目标风洞实验值或观测数据的特征一致，优先考虑与什么的一致性还存在争议。此外，原本作为流入风特征的风洞实验值或观测数据就不是单纯的光滑面或粗糙面上的边界层流，因此来自流入面的接近流变化难以不可避免。需要根据模拟对象和目的来寻找从适当的流入面到主要分析区域的距离。

2.3　从风环境主要评价区域到流出面的距离

对于存在明确的流入面和流出面的问题，只要在一定程度上确保主目标区域到流出面的距离，就不会对解析精度产生太大影响。不过，若设定单纯的零梯度流出边界条件时，建筑物的后方和流出面可能会发生相互干扰，导致计算不稳定。因此，即使是流出面，也应该以建筑物高度的多少倍为标准，充分确保主要目标区域与流出面的距离。

第 3 章　建筑物和障碍物的建模

3.1　目标建筑的建模精度

正如第 1 篇 2.4.2 节所述，模型的几何学相似是城市风环境风洞实验中的相似条件之一。在 CFD 模拟对象建筑的建模精度方面，需要将对象建筑的几何形状再现到何种程度也是个问题。

为了正确预测建筑周边气流，最重要的事情之一是正确再现屋面和墙面的剥离流特性。因此，对建筑形状进行建模时应充分注意能否再现对象建筑端部产生的剥离流。将对象建筑建模到何种程度，通常以风洞实验的做法为准，不过与建筑轮廓相关的凹凸，特别是边角部分的呈现应当成为考虑的对象 [64]。

Ricci 等人通过 CFD 模拟探讨了城市形状的简化程度（3 级）对城市内部和上部风速分布的影响 [68]。研究对象包括仅再现建筑外形和平均高度的模型（Simplified model）、再现建筑平面布局及高度的模型（Approximated model）、再现屋面坡度等细节形状的模型（Detailed model）的三种模式。结果显示 Simplified model 的风速分布结果与其他两种情况相比，特别是在建筑物后方流域，显现出较大误差。另外，Approximated model 和 Detailed model 的结果没有明显差异。像 Detailed model 那样建模细小的倾斜和凹凸时，随着形状精度的提高需要更加精细地计算网格，计算负荷也会因此增大。故在计算负荷和对结果的影响之间应保持平衡的前提下，尽可能再现形状。

3.2　周边建筑的建模

3.2.1　附近建筑物的建模范围和精度

与风洞实验一样，不仅要对作为目标对象的建筑进行建模，还要对用地周边的地形和街区进行建模，以便更准确地再现吹拂到该建筑上的风。尤其是受到来自建筑上风向及两侧角部生成的剥离流周边流场的影响很大，因此必须尽可能详细地再现其形状。如果效仿风洞实验，应至少从对象建筑物外缘起，以与目标建筑同样的建模精度再现建筑高度 1~2 倍左右的水平范围 [64]。此外，在上风向有高层建筑等影响较大的构造物时应像风洞实验一样进行考虑。

3.2.2　再现范围以外的建筑物的建模精度

如本篇第 2 章所述，以分析建筑物周边气流为目的的 CFD 模拟需要相当大的计算范围，若以与目标建筑及其周边同等精度建模计算区域中的全部建筑，会因为计算量过于庞大而不可行。在考虑对模拟结果的影响的同时，基于实用考虑应根据可行的网格分辨率进行简化。与风洞实验相同，模型再现范围外侧的城市区域若对评价区域没有影响，可用基于建筑的平均基底面积和平均高度简化为粗糙体块，也可替换为后文将提到的表现空间平均建筑阻力的冠层模型[64]。当由于网格分辨率的限制而无法表现周边建筑形状时，为了维持生成的流入风以及适当再现周边建筑形状的影响，还可采用与表面粗糙度对应的 z_0 型对数法则。Counihan[69]通过整理室外观测结果，调查了粗糙表面上平均速度特征的指数 α[参照第 1 篇式（2.1.1）] 和表面粗糙度长度 z_0 的关系，提出了以下实验经验式。

$$\alpha=0.096\log\left(z_0\right)+0.016\left(\log\left(z_0\right)\right)^2+0.24 \tag{3.2.1}$$

关于简化模型群排列形状的粗糙度长度 z_0，既往研究提出了很多实验经验式。例如 Lettau[70]、Counihan[71]、Theurer[72] 研究表明在低密度条件下模型密度和粗糙度长度成比例，提出了以建筑群形状表示粗糙度长度的简单方法。Bottema[73] 将 z_0 型对数法则进行了变形，指出粗糙度长度 z_0 与粗糙度正面面积密度 λ_f 有如下关系。

$$z_0=\left(h-d\right)\exp\left(-\frac{\kappa}{\sqrt{0.5\lambda_f C_d}}\right) \tag{3.2.2}$$

其中，h：模型高度，d：零面偏移量，κ：卡门常数，$\lambda_f=A_f/A$：粗糙度正面面积密度，A_f：所有简化模型面向风向的总立面投影面积，A：每个简化模型的占地面积，$C_d=F_d/\left(0.5\rho u_{ref}^2 A_f\right)$：作用于简化模型单位立面面积形状阻力 F_d/A_f 的阻力系数，F_d：作用于单个简化模型的形状阻力，ρ：空气密度。既往的 z_0 估算模型主要以式（3.2.2）为基础根据不同的模型群密度和排列条件修正阻力系数。Macdonald[74] 和 Millward–Hopkins et al.[75] 等根据模型群排列条件提出了相应模型。针对零面位移 d 也提出了若干方法，如通过模型群排列来反映 sheltering 效果的方法（Bottema[76]）及 Jackson[77] 提出的基于力矩中心高度概念的建模方法（Millward–Hopkins et al.[75]），或基于简单的实验经验公式的方法（Macdonald[74]）等。还提出了对上述简化建筑模型得到的空气动力学参数进行修正考虑建筑群高度偏差影响的模型（Kanda and Moriizumi[78]，Millward–Hopkins et al.[75]），及以实际街区为对象的模型（Kanda et al.[79]）等。但是，由于用于验证的实验条件和实验结果偏差较大（Millward–Hopkins et al.[75]，Mohammad et al.[80]），尚未提出针对不同排列的粗糙度长度和零面位移的统一模型，而是需要根据模型群排列条件应用适当的模型加以估计。详细内容可参考 Mohammad et al.[80] 对空气动力学参数的比较研究。

3.3　障碍物小于计算网格时的处理（无法直接对形状进行建模的情况）

在以城市街区风环境为对象的模拟区域内，除了不同尺度的建筑物外，还存在阳台等建筑小凹凸，以及树木、广告牌等小型气流障碍物，不可能用计算网格再现所有的建筑物、障碍物。换言之，可能出现计算网格比实际建筑物、障碍物尺寸更大的情况。在考虑比这种计算网格尺寸更小的气流障碍物的影响时，根据固体和流体在计算网格内混合的状态，可将其视为计算网格体积内的阻力物体，以在基础方程中添加表示流体力学效果附加项的形式予以再现。基于这种想法的模型被称为"冠层模型"。

3.3.1　RANS 模型中的冠层模型概述

当模拟的计算网格内包含阻力物体时，需要对流场进行某种平均化操作才能求解。其方法有：1）只进行空间平均；2）先进行空间平均，然后进行时间平均（或系综平均）；3）先实施时间平均（或系综平均）再实施空间平均等。但平冈推荐第 3 种平均化方法[81]，以便能够与实验数据进行比较。

如果对已经时间平均（或系综平均）的流场进行空间平均操作，如图 3.3.1 所示在平均体积内部会保留平均流的空间分布。这种分布由内部的阻力物体和大于平均体积尺度的剪切成分产生，湍流主要由这种平均流的局部分布造成。从平均流接收的能量通过湍流的能量级联过程分解成较小尺度的湍流，并转换成热能（图 3.3.2）[82]。

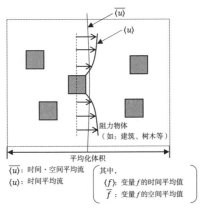

图 3.3.1　模型化概念图[82]

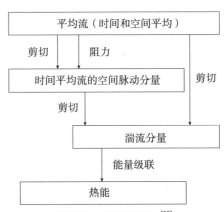

图 3.3.2　能量的流动[82]

平冈等对纳维 – 斯托克斯方程进行了考虑粗糙度元素体积变化的时间平均、空间平均操作，导出了描述植物及城市冠层内湍流现象的湍流模型[81]。首先用体积 V_0 内的流体体积 V_a 定义有效体积率 G，如式（3.3.1）。

$$G = \frac{V_a}{V_0} \tag{3.3.1}$$

有效体积率 G 的内置必要性根据数值模拟所处理的对象尺度而不同。假设有效体积率对 G 于空间平均操作不变，则对时间平均（或系综平均）后的连续性方程实施空间平均，可得到式（3.3.2）。

$$\frac{\partial G \overline{\langle u_i \rangle}}{\partial x_i} = 0 \tag{3.3.2}$$

对纳维 – 斯托克斯方程进行时间平均（或系综平均）操作后再进行空间平均，可得到如式（3.3.3）的平均流公式。

$$G\frac{\partial \overline{\langle u_i \rangle}}{\partial t} + \frac{\partial G \overline{\langle u_i \rangle \langle u_j \rangle}}{\partial x_j} = -\frac{\partial}{\partial x_i}\left\{G\left(\frac{\overline{\langle p \rangle}}{\rho} + \frac{2}{3}k\right)\right\} + \frac{\partial}{\partial x_j}\left\{v_t\left(\frac{\partial G \overline{\langle u_i \rangle}}{\partial x_j} + \frac{\partial G \overline{\langle u_j \rangle}}{\partial x_i}\right)\right\} - GF_i \tag{3.3.3}$$

其中，$-F_i$ 是实施空间平均操作时出现的项，是流体因物体的阻力而受到的力。将由时间变化成分引起的湍流动能和由空间变化成分引起的湍流动能合起来定义为湍流动能 k，导出式（3.3.4）所示的输运方程，出现了 F_i 与经过时间空间平均的风速相乘的项 [式（3.3.4）中的 $+F_k$]。

$$G\frac{\partial k}{\partial t} + \frac{\partial G \overline{\langle u_j \rangle} k}{\partial x_j} = \frac{\partial}{\partial x_j}\left(\frac{v_t}{\sigma_k}\frac{\partial Gk}{\partial x_j}\right) + G\left(P_k - \varepsilon + F_k\right) \tag{3.3.4}$$

同时，在湍流动能耗散率 ε 的输运方程中也出现了与之对应的项 [式（3.3.5）中的 $+F_\varepsilon$]。

$$G\frac{\partial \varepsilon}{\partial t} + G\frac{\partial G \overline{\langle u_j \rangle} \varepsilon}{\partial x_j} = \frac{\partial}{\partial x_j}\left(\frac{v_t}{\sigma \varepsilon}\frac{\partial G\varepsilon}{\partial x_j}\right) + G\frac{\varepsilon}{k}\left(C_{1\varepsilon}P_k - C_{2\varepsilon}\right) + GF_\varepsilon \tag{3.3.5}$$

（1）植被冠层模型

在导入 RANS 模型的植被冠层模型中，针对式 [（3.3.3）—（3.3.5）] 所示基础方程中的附加项（F_i，F_k，F_ε），既往研究中采用的附加项形式及模型系数值总结于表 3.3.1。这里将既往研究中具有代表性的模型大致分为 Type A~D 四种。

关于动量方程式中出现的附加项 F_i，所提出的各种模型之间差异极小，但是 k 的输运方程式的附加项 F_k 分为两种类型。第一种模型是 Type A 和 B 中使用的形式，以 F_i 乘以平均风速的形式体现[81, 83-86]。另一种模型是 Type C 和 D 中所使用的模型，这里考虑到叶片等阻力体除了产生湍流外还会有耗散作用，因此针对前一种类型在 F_k 中加入了汇项[87, 88]。

另一方面，ε 输运方程中的附加项 F_ε 被分为三种类型，即：①导入冠层的特征长度尺度 L，并根据叶面积密度 a 赋予其类型（Type A 和 D 采用的模型[81, 89]）；② k 输运方程中的附加项 F_k 除以湍流时间尺度（$=k/\varepsilon$），并引入模型系数 $C_{p\varepsilon1}$ 的类型（Type B 采用的模型[84-87]）；③以添加汇项形式的 F_k 模型为基础，将 F_k 除以湍流时间尺度（$=k/\varepsilon$），对产生项和汇项分别导入模型系数 $C_{p\varepsilon1}$、$C_{p\varepsilon2}$ 的类型（Type C 采用的模型[87, 88]）。

各种类型的附加项所包含的模型系数通过与实验或实测的比较等进行了优化，如表 3.3.1 备注栏所示。Mochida et al.[90]针对以树木后部尾流流场为对象的室外实测[91]，使用 Type B 和 Type C 进行了模型系数的参数研究，根据对风速和湍流动能 k 分布的比较，表明采用 $C_{p\varepsilon1}=1.8$ 作为模型系数的 Type B 和采用 $C_{p\varepsilon1}=1.8$、$C_{p\varepsilon2}=1.5$ 的 Type C 取得了与实测相符的良好结果。

表现植被影响的附加项形式及模型系数值

表 3.3.1

Type	F_i	F_k	F_ε	备注
A		$\langle u_i \rangle F_i$	$\dfrac{\varepsilon}{k} \cdot C_{pe1} \dfrac{k^{3/2}}{L}\left(L=\dfrac{1}{a}\right)$	平冈等[81]：C_{pe1}=0.8~1.2
B		$\langle u_i \rangle F_i$	$\dfrac{\varepsilon}{k} \cdot C_{pe1} F_k$	Uno, et al.[84]：C_{pe1}=1.5 Svensson[85]：C_{pe1}=1.95 岩田·池田等[86]：C_{pe1}=1.8
C	$C_f a \langle u_i \rangle \sqrt{\langle u_j \rangle^2}$	$\langle u_i \rangle F_i - 4C_f a \sqrt{\langle u_j \rangle^2} k$	$\dfrac{\varepsilon}{k}\left[C_{pe1}\left(\langle u_i \rangle F_i\right) - C_{pe2}\left(4C_f a \sqrt{\langle u_j \rangle^2} k\right)\right]$	Green, S. R.[87]： $C_{pe1}=C_{pe2}$=1.5 Liu, J. et al.[88]： C_{pe1}=1.5，C_{pe2}=0.6
D		$\langle u_i \rangle F_i - 4C_f a \sqrt{\langle u_j \rangle^2} k$	$\dfrac{\varepsilon}{k} \cdot C_{pe1} \dfrac{k^{3/2}}{L}\left(L=\dfrac{1}{a}\right)$	大桥[89]：C_{pe1}=2.5

注：a：叶面积密度；C_f：阻力系数；C_{pe1}，C_{pe2}：模型系数；F_i：平均流输运方程式的附加项；
F_k：k 输运方程中的附加项；F_ε：ε 输运方程中的附加项。

（2）城市冠层模型

在 RANS 模型中引入城市冠层模型方面，针对式（3.3.3）～式（3.3.5）所示基础方程中的附加项（F_i，F_k，F_ε），也提出了多种模型。表 3.3.2 显示了既往研究中采用的两种模型。

Maruyama[92] 用与平冈等人提出的植被覆盖模型[81]（表 3.3.1 中的 Type A）相同的方法推导出了适用于城市气流预测的附加项（表 3.3.2 中的 Type E）。根据千鸟状排列①的立方体粗糙体块的风洞实验，求出表示目标空间内物体比例的粗糙度密度 ρ_r（ =1–G）、建筑物群落的阻力系数 C_f 及与模型系数 C_{pe} 的最佳值之间的关系（图 3.3.3），结果表明对粗糙表面上充分发展的湍流边界层的模拟有效。附加项中包含的每个变量都按照进行空间平均操作的评价空间内的流体体积部分 V_a 的单位体积的值计算。阻力项 F_i 中的及附加项 F_ε 中的粗糙度长度尺度 L 分别由式（3.3.6）和式（3.3.7）定义。

表现建筑物影响的附加项形式及模型系数值

表 3.3.2

Type	F_i	F_k	F_ε	备注
E	$\dfrac{1}{2} C_f A \langle u_i \rangle \sqrt{\langle u_j \rangle^2}$	$\langle u_i \rangle F_i$	$\dfrac{\varepsilon}{k} \cdot C_{pe} \dfrac{k^{3/2}}{L}$	Maruyama[92]： C_f, C_{pe}：赋予与图 3.3.3 的粗糙度密度 ρ_r 对应的值
F	$C_f A \langle u_i \rangle \sqrt{\langle u_j \rangle^2}$	$\beta_p \langle u_i \rangle F_i - \beta_d C_f a \sqrt{\langle u_j \rangle^2} k$	$\dfrac{\varepsilon}{k}\left[\beta_p C_{pe1}\left(\langle u_i \rangle F_i\right) - C_{pe2}\left(\beta_d C_f a \sqrt{\langle u_j \rangle^2} k\right)\right]$	榎木等[93]： C_{pe1}=1.5 β_p=1.0

注：C_f：阻力系数；C_{pe1}，C_{pe2}，β_p，β_d：模型系数；F_i：平均流输运方程中的附加项；
F_k：k 输运方程中的附加项；F_ε：ε 输运方程中的附加项。

---

① 日本的一种常用花纹排列形式，即横竖交错型排列的方式。最常见的是将鸟类图样以该种形式排列在服饰、绘画等造型上，故称"千鸟状排列"。——译者注

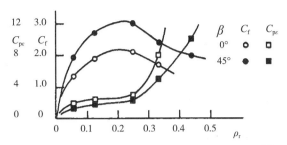

图 3.3.3　C_f 和 $C_{p\varepsilon}$ 的最佳值与粗糙度密度 ρ_r 的关系[92]

$$A=\frac{a}{V_a} \tag{3.3.6}$$

$$L=\frac{1}{4n}\sum_{i=1}^{n}L_i \tag{3.3.7}$$

其中 a 是评价空间内粗糙度总面积的 $1/4$，n 是一个网格所包含的建筑数，L_i 是第 i 个建筑的周长。

榎木等人认为，由于 Maruyama 提出的城市冠层模型中的各模型系数 C_f、$C_{p\varepsilon}$ 没有超过粗糙度密度 $\rho_r=0.45$ 时的分析实例，因此出了一种适用于任何粗糙度密度的不依赖于分析尺度的广义冠层模型[93]。该模型将城市群内的气流视作多孔介质中的流体进行模型化，不考虑粗糙元素的体积，采用了只考虑阻力的冠层模型。阻力项 F_i 的形式采用了表 3.3.2 中 Type F 所示的附加项，考虑城市的三维气流模式以粗糙度密度 $\rho_r=0.2\sim0.3$ 为界进行变化，对阻力系数 C_f 及单位体积中的流体部分体积的多孔固体表面积 A 采用式（3.3.8）和式（3.3.9）进行模型化。

$$C_f=min\left(\frac{2C}{C_s}\frac{1}{(1-\rho_r)^2}\ ,\ 3.0\right) \tag{3.3.8}$$

$$A=\frac{\rho_r}{(1-\rho_r+\varepsilon_1)}\frac{C_s}{D} \tag{3.3.9}$$

其中，C 是实验常数（$=1.225$），C_s 是与形状相关的系数（$=6$），ε_1 是规定的 A 最大值的常数（$=10^{-4}$）。附加项 F_k、F_ε 采用 Green 提出的促进能量级联过程的模型[87]，模型系数 β_d 和 $C_{p\varepsilon2}$ 作为粗糙度密度 ρ_r 的函数，由式（3.3.10）和式（3.3.11）给出。

$$\beta_d=\begin{cases}4.0 & (\rho_r\leqslant0.4)\\\left(\sqrt{\overline{\langle u_j\rangle}^2}^{\ 2}\ /k\right)\beta_p & (\rho_r>0.4)\end{cases} \tag{3.3.10}$$

$$C_{p\varepsilon2}=\begin{cases}0.2 & (\rho_r\leqslant0.4)\\C_{p\varepsilon1} & (\rho_r>0.4)\end{cases} \tag{3.3.11}$$

丸山对不同街区形状特征的 3 种城市街区模型实施了风洞实验和数值模拟，验证了以千鸟状排列的立方体粗糙体块为对象优化的城市冠层模型在不规则街区中的适用性[94]。根据实验和模拟的比较，在平均风速分布方面，两者的差异保持在主流方向风速的 1.5% 以内的比例占到 70% 以上。在代表平均湍流发生量的地面阻力系数方面，两者差异在 20% 以内，表明了以城市街区为对象的模拟基本适用性。

3.3.2　LES 中的冠层模型概述

LES 中的冠层模型是通过对纳维 – 斯托克斯方程中含有粗糙度的空间进行空间平均操作而导出的。既往研究几乎都基于梯度扩散近似对 LES 中的 SGS 应力进行模型化，作为 SGS 涡动黏性系数 ν_{SGS} 的计算方法，通常使用在 SGS 动能方程中假设局部平衡的 Smagorinsky 型模型或独立计算 SGS 动能方程的 1 方程模型。很多时候 Smagorinsky 模型使用表现物体阻力的阻力附加项 F_i，但模拟植被时有时会用 1 方程模型来表现植物枝叶振动的影响 [95]。

空间平均操作导出的基础方程用式（3.3.12）、式（3.3.13）表示 [95]。

$$\frac{\partial G\bar{u}_i}{\partial x_i} - \bar{u}_i^s \frac{\partial G}{\partial x_i} = 0 \tag{3.3.12}$$

$$G\frac{\partial \bar{u}_i}{\partial t} + \frac{\partial G\bar{u}_i\bar{u}_j}{\partial x_j} = -\frac{1}{\rho}\frac{\partial G\bar{p}}{\partial x_i} + 2\nu\frac{\partial G\bar{S}_{ij}}{\partial x_j} - \frac{\partial G\bar{\tau}_{ij}}{\partial x_j} - G\bar{F}_i \tag{3.3.13}$$

$\bar{u}_i^s$ 表示物体的移动速度，像建筑物那样不随物体移动、变形的情况则可以忽略。对于空间平均操作产生的动量方程中的附加项，以植物为对象时多采用表 3.3.1 所示的 F_i，以建筑物为对象时多采用表 3.3.2 的 Type E 所示的 F_i 形式。

第 4 章　计算网格

4.1　网格的种类

网格形成（或网格生成）是在执行流场数值模拟之前将计算空间划分成多个网格或元素的工作。在包含多个建筑的计算空间为对象的网格生成中，重要的是要考虑数值模拟的精度、稳定性和计算效率以生成优质的计算网格。另外，在使用 LES 时，为了确保必要的模拟精度，必须对表征流场的旋涡进行适当的分辨，因此可认为其网格生成的重要性比 RANS 模型还要高。下文将对建筑周边气流模拟中使用的代表性计算网格进行说明。

（1）结构化网格（Structured grid）

结构化网格是网格点规律性排列 [如网格（i，j）的左侧为（$i-1$，j）] 的网格体系，主要用于有限差分法。在结构化网格中，常用如图 4.1.1 所示的简单正交网格划分模拟区域的方法。结构化网格的优点是元素排列连续，存储器存取良好，计算速度快，计算稳定性高，计算网格容易生成。另一方面其缺点是若将网格集中在建筑物墙面附近加密，则远离建筑物的区域会形成长宽比过大的网格，导致网格的浪费。另外，当网格线相对建筑物壁面发生倾斜时，需要根据建筑物形状进行阶梯状近似，因此在高楼风评价等对建筑形状的再现性要求较高的情况下有时需要慎重判断。

（2）非结构化网格（Unstructured grid）

非结构化网格是网格点的排列没有规律的网格体系，网格或元素单位离散化设置，在有限体积法和有限元法中经常使用。图 4.1.2 是根据非结构化网格进行网格划分的示例。在非结构化网格方面，三维空间常使用 4 面体、6 面体或更多面的多面体元素来划分模拟空间，可以应对曲面等复杂形状。

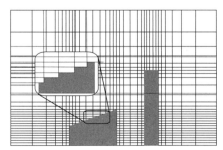

图 4.1.1　结构化网格

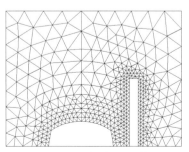

图 4.1.2　非结构化网格

4.2　变量配置

结构化网格中的变量设置根据速度和压力配置的不同可分为常规型网格、组合型网格和交错型网格^①。

（1）常规型网格

常规型网格如图 4.2.1 所示，在相同的网格点上定义所有变量。但是，这种变量配置容易发生压力的空间振荡^[96]，因此发展出了后面的组合型网格和交错型网格等改善方法。

（2）组合型网格

组合型网格的提出主要用于避免常规型网格中压力的空间振荡^[97, 98]。在组合型网格中，计算动量方程利用如图 4.2.2 所示的网格中心定义的速度和压力，而连续性方程的计算则采用通过插值求得的网格交界面的速度。

（3）交错型网格

交错型网格如图 4.2.3 所示，将压力定义在网格中心，在网格交界面定义速度。该变量配置可以避免压力的空间振荡。自从 MAC 法^[99]（将在 5.4.1 节介绍）采用以来，被广泛使用。

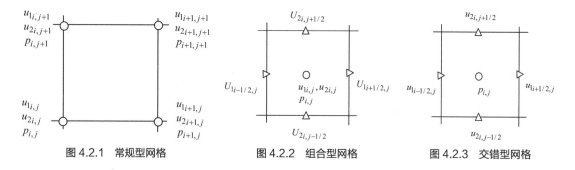

图 4.2.1　常规型网格　　　　图 4.2.2　组合型网格　　　　图 4.2.3　交错型网格

4.3　近壁面的网格

（1）重叠网格（Overset grid）

重叠网格如图 4.3.1 所示，是将多套结构化网格重叠，只对必要的部分进行网格细分的方法。在各套结构化网格中应用有限差分法等进行计算，各结构化网格的边界条件通过从与边界点位置对应的对方网格内部点进行内插给出。重叠网格在不显著增加计算量的情况下就能提高计算精度，因此对于建筑周边气流等实用问题来说是一种适用性很高的方法。

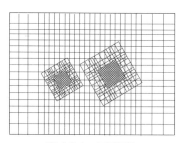

图 4.3.1　重叠网格

（2）浸没边界法（Immersed boundary method）

浸没边界法严格来说不属于网格法的分类，但也是处理建筑物等墙面边界的手段。该方

---

① 即 regular mesh、collocation mesh 和 staggered mesh。——译者注

法不将壁面条件作为通常的边界条件予以再现，而是体现为基础方程中的外力项。与正交网格等形状适应性较低的网格组合，多用于曲面等更复杂的形状和移动壁面边界的再现。详细内容将在第 6.1 节进行说明。

（3）边界层网格

墙面附近的空气一般沿墙面边界流动。此时气流会形成边界层，为了正确再现气流的性状，必须充分分辨边界层内的速度梯度。边界层网格是为了尽可能再现边界层内的速度分布而沿壁面法线方向以分层形状形成的网格（图 4.3.2）。适当的边界层网格的性状（元素的种类、第 1 层厚度、层数及伸长率）取决于目标流场的特征。当流场对象是矩形截面建筑周边的空气的流动时，建筑表面的边界层网格大多设定为 3~6 层左右。当不使用边界层网格时，在如切角等在边界层产生剥离流的区域计算精度有下降的趋势[100]。

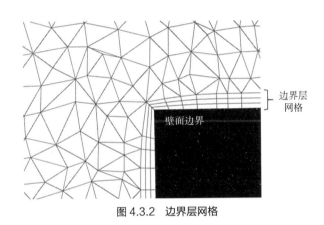

边界层网格

壁面边界

图 4.3.2　边界层网格

4.4　非结构化网格的使用注意事项

非结构化网格的生成过去主要通过划分计算区域的区块和扫描二维网格等方法手工作业，需要大量人力，但随着多种自动化网格技术的出现，现在已经可以简单地生成。使用自动化网格技术时，以前对模型的形状数据要求很严格，需要保证模型空间的完全连续封闭，但最近带有模型修正功能的网格划分软件可以避免这些问题，大大减轻用户负担。因此，近年来在实际业务中非结构化网格逐渐成为主流，通用 CFD 模拟软件大多使用该网格。非结构化网格使用图 4.4.1 所示种类的网格元素。它能够精确再现模拟对象的物体形状，对于具有复杂形状、斜面、曲面的物体模型非常有效。同时，由于可局部调整网格分辨率，故可高效配置网格。非结

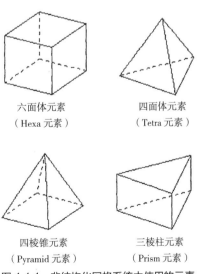

六面体元素
（Hexa 元素）

四面体元素
（Tetra 元素）

四棱锥元素
（Pyramid 元素）

三棱柱元素
（Prism 元素）

图 4.4.1　非结构化网格系统中使用的元素

构化网格也适用于处理复杂形状的城市街区建筑周边气流模拟，因此不仅是 RANS 模型，在 LES[101] 中也逐渐得到应用。

以下叙述使用非结构化网格体系时的注意事项。首先，根据使用元素形状的不同，对网格的模拟结果产生的影响差异较大。如果是只由六面体元素构成的网格系统，则可以参照结构化网格系统的条件设定，但使用 Tetra（四面体）元素等时，所需的网格密度根据各物理量定义点的取法不同而有所差异（图 4.4.2）。若用 Tetra 元素划分整个模拟区域，元素数是节点数的数倍左右。因此，将物理量置于元素中心的网格中心法和置于节点的节点中心法的检查体积数会相差数倍，因此根据各量定义点的取法所要求的网格数也会发生变化。LES 多采用节点中心法，其检查体积的界面更加多样。但需要注意的是，非结构化网格的优点是能够精确再现模拟对象物体的形状，但在不要求分辨率的计算领域，这反而会成为缺点。例如，在对城市街区进行建模时，考虑到计算效率，远离中心的区域需要较低的分辨率，但如果保持物体所有表面特征的同时配置粗糙的网格，就有可能导致网格形状质量下降。这时就需要对物体进行建模时考虑对应的网格尺寸。

采用 Tetra 元素的自动网格划分方法主要有 Octree 法、Advancing-front 法、Delaunay 法等①。这些网格生成算法基本上依赖于物体模型形状的分辨率，根据设定的不同，对于精度要求较高的区域有时无法获得足够的网格分辨率。因此建筑物附近（特别是剥离流区域和建筑后方尾流区域）需要在一定程度的空间范围内设置足够密集的网格，这一点很重要。

此外，使用分块结构化网格 [102] 模拟建筑物周边气流的案例也日益增加 [103]。分块结构化网格如图 4.4.3 所示，是一种以六面体元素的正交网格为基础，再嵌套出更细的正交网格的方法。虽然名为"结构化网格"，但变量在内存中的设置不一定是连续的，可以认为是非结构化网格的一种。一个代表性的例子是在三维各个方向进行对半划分的 Octree 法（虽然前述使用 Tetra 的自动网格划分方法的 Octree 法也有同样的网格细化过程，但最终是将六面体元素细分

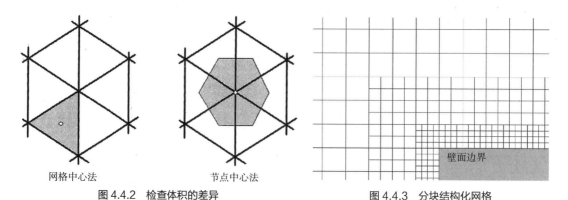

图 4.4.2　检查体积的差异　　　　　图 4.4.3　分块结构化网格

网格中心法　　　　　节点中心法　　　　　　　　　壁面边界

---

① Octree 法即"八叉树法"；Advancing-front 法即"波前法"；Delaunay 法目前尚无公认的中文译名，部分学术专著将其翻译为"德洛内（三角）法"。——译者注

为四面体元素，这一点与这里所述的 Octree 方法不同）。该方法采用形状质量较高的六面体元素作为网格形状。由于只针对指定的任意区域进行网格细分，所以可以在不大幅增加网格数量的情况下提高分辨率，因此能够快速自动生成计算稳定的网格 [104]。虽然在网格分辨率变化的界面上容易产生非物理数值振荡，但是通过适当地设定块结构化网格的分辨率，可以得到与基于四面体网格相同的模拟结果 [100]。同时，由于与可根据需要动态细分网格，它与能够生成有效地分辨各尺度涡流对应网格的自适应网格法 [105] 在计算效率方面匹配性良好，相信今后相关计算案例会日益增多。

第 5 章　离散化方法和计算算法

5.1　离散化方法

本节将概述城市风环境预测中常用的离散方法及其特征。

（1）有限差分法（Finite Difference Method，FDM）

这是偏微分方程中最经典的数值解法。将计算区域划分为差分网格，将区域内未知变量的分布作为网格点上的近似解加以求解。为了得到这个近似解，使用泰勒展开或多项式近似等将偏微分方程的微分项替换成差分近似项。由此得到离散点的未知变量的代数方程，并根据需要大规模联立一次方程组进行求解。有限差分法主要用于结构化网格。如果是简单的物体形状，可基于笛卡儿坐标系简单地将基础方程离散化，并很容易导出高阶精度的差分方程。但在处理复杂形状时，则需要引入一般曲线坐标系和浸没边界法等各种方法。另外需要注意的是，如果使用的差分近似不恰当，离散化后可能不满足守恒定律[97]。

（2）有限体积法（Finite Volume Method，FVM）

此方法将计算区域划分为有限数量的微小体积空间，并考虑微小空间中各物理量的收支情况。考虑物理量收支的微小封闭空间被称为控制体（CV）。通过各 CV 对基础方程进行积分，得到表现物理量收支的离散方程。然后，在各 CV 的中心定义未知变量，在各 CV 的边界面上计算物理量的流入和流出，并代入离散式来求解。此方法是先对基础方程进行积分后再进行离散化，所以只要正确设置 CV，CV 之间物理量的流入和流出总是平衡的，因此能得到完全满足守恒定律的离散方程。由于可适用于任意多面体网格，所以也适用于复杂形状的计算。另外，由于在计算 CV 边界面的值时使用了插值和积分的相关近似，因此很难实现超过二阶精度的高阶精度。

（3）有限元法（Finite Element Method，FEM）

有限元法将计算区域划分为有限的元素，用插值函数近似处理各元素应满足的方程。有限元法具有像有限体积法一样可以使用任意的网格形状，且形状变形等易处理的特点，因此在流固耦合等问题上有一些应用实例。

（4）其他流体解法

虽然不一定被归入离散化方法的范畴，但近年来，关于格子玻尔兹曼方法等的研究案例（如 [106, 107]）也在增加，该方法通过设置固定粒子并计算粒子之间的平移和碰撞来模拟流动。

5.2　空间微分项的离散化

这里对近年来在商用软件等中逐渐成为主流的有限体积法的离散化进行解说[108]。动量方程、温度、浓度、k 和 ε 等的输运方程可以用如式（5.2.1）的对流扩散方程的通用形式表示。

$$\frac{\partial \phi}{\partial t} + \frac{\partial u_j \phi}{\partial x_j} = \frac{\partial}{\partial x_j} \Gamma \frac{\partial \phi}{\partial x_j} + S \tag{5.2.1}$$

用控制体（CV）对式（5.2.1）进行积分，且时间项（左边第一项）和源项（右边第二项）在 CV 内恒定，就可以得到式（5.2.2）。

$$V \frac{\partial \phi}{\partial t} + \int_{CV} \left(\frac{\partial u_j \phi}{\partial x_j} \right) dV = \int_{CV} \left(\frac{\partial}{\partial x_j} \Gamma \frac{\partial \phi}{\partial x_j} \right) dV + VS \tag{5.2.2}$$

将高斯散度定理应用于对流项（左边第二项）和扩散项（右边第一项）时，对 CV 的体积积分被替换为对 CV 的表面积 A 的面积积分，如式（5.2.3）。

$$V \frac{\partial \phi}{\partial t} + \int_A n_j \left(u_j \phi \right) dA = \int_A n_j \left(\Gamma \frac{\partial \phi}{\partial x_j} \right) dV + VS \tag{5.2.3}$$

其中，n_j 是表面的法线向量。这些面积积分的计算需要表面的 $u_j \phi$ 和 $\partial \phi / \partial x_j$ 的值。为了简便起见，以图 5.2.1 所示的一维等间隔组合型网格为例，对这些项进行离散化。

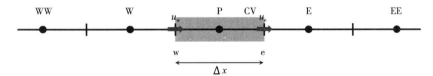

图 5.2.1　一维等间距组合型网格上的控制体[①]

扩散项展开后如式（5.2.4）所示。其中，各界面的积分通过中点公式进行近似。

$$\int_A n_j \left(\Gamma \frac{\partial \phi}{\partial x_j} \right) dA = \left(\Gamma A \frac{\partial \phi}{\partial x} \right)_e - \left(\Gamma A \frac{\partial \phi}{\partial x} \right)_w \tag{5.2.4}$$

界面 e 和界面 w 处的梯度 $\partial \phi / \partial x_j$ 通常使用中心差分，即式（5.2.5）。

$$\left(\Gamma A \frac{\partial \phi}{\partial x} \right)_e - \left(\Gamma A \frac{\partial \phi}{\partial x} \right)_w = \Gamma_e A_e \frac{\phi_E - \phi_P}{\Delta x} - \Gamma_w A_w \frac{\phi_P - \phi_W}{\Delta x} \tag{5.2.5}$$

另外，对流项展开如式（5.2.6）。

$$\int_A n_j \left(u_j \phi \right) dA = \left(\phi u A \right)_e - \left(\phi u A \right)_w \tag{5.2.6}$$

假设 u 已知，则需要通过某种方法计算界面 e 和界面 w 处的 ϕ 的值，但由于该方法的选

---

① 第 5.2 节中的图表，在日文原书中编号为"图 5.1.×""表 5.1.×"，疑为笔误。本书统一修订为"图 5.2.×""表 5.2.×"，请读者注意与原书对应。——译者注

择极大地左右了计算的稳定性和精度，因此提出了各种方法（差分格式）。

（1）线性插值 [中心差分，式（5.2.7）]

$$\phi_e = \frac{\phi_P + \phi_E}{2} \tag{5.2.7}$$

这是最直观的方法，考虑从界面两侧的定义点进行线性插值。这时，插值引起的截断误差与网格宽度的平方成正比。一般而言，误差的主要项与网格宽度的 n 次方成正比时，称该插值方法具有 n 阶精度。线性插值无论流动方向如何都会受到与 P 相邻的所有点的影响。因此，在高雷诺数的流动中，特别是网格粗糙时会产生伴随振荡的非物理数值解。

（2）迎风插值 [迎风差分，式（5.2.8）]

$$\phi_e = \begin{cases} \phi_P & (u_e > 0) \\ \phi_E & (u_e < 0) \end{cases} \tag{5.2.8}$$

迎风插值使用单侧插值提供界面处的物理量。其中，根据界面中的通量方向，使用位于界面上风侧的定义点进行插值。插值产生的截断误差与网格宽度的 1 次方成正比，是一种一阶精度的插值方法。在迎风插值中，截断误差的主要项具有增大流体黏性的效果（这种效果被称为数值黏性），因此即使是高雷诺数流动也不会出现线性插值那样的振荡解，与原本的物理现象相比，解在时空上平滑了很多。雷诺数越高这种趋势就越明显，因此不适合用于室外气流模拟。

（3）QUICK [式（5.2.9）][109]

$$\phi_e = \begin{cases} \dfrac{6}{8}\phi_P + \dfrac{3}{8}\phi_E - \dfrac{1}{8}\phi_W & (u_e > 0) \\ \dfrac{6}{8}\phi_E + \dfrac{3}{8}\phi_P - \dfrac{1}{8}\phi_{EE} & (u_e < 0) \end{cases} \tag{5.2.9}$$

QUICK（Quadratic Upstream Interpolation for Convective Kinetics）使用抛物线近似法，从位于界面上风侧的 2 个定义点和位于下风侧的 1 个定义点共计 3 个点近似界面处的物理量。它大幅抑制了线性插值的数值振荡，且数值黏性不像迎风差分那样大，故而在 RANS 模型中广泛使用。不过，虽然程度较小，但仍有可能引起过冲（overshoot）或下冲（undershoot），因此近年来，下面介绍的 TVD 格式的应用正在增加。但 LES 中使用 QUICK 的数值黏性依然很大，使用时需要格外小心。

（4）TVD[110]

不引起数值振动的格式所期望的性质是保持单调性，即不具有极值，不偏离已存在的最大值和最小值范围，这一点非常重要。TVD（Total Variation Diminishing）格式是为了维持单调性的方案，是实施总变化（Total Variation）减少（Diminishing）的离散格式群的总称。

到此为止说明的离散格式定义了变量 r 及函数 $\phi(r)$，可以如式（5.2.10）和式（5.2.11）通用化地表示。

$$\phi_e = \phi_P + \frac{1}{2}\psi(r)(\phi_E - \phi_P) \tag{5.2.10}$$

$$r = \frac{\phi_\mathrm{P} - \phi_\mathrm{W}}{\phi_\mathrm{E} - \phi_\mathrm{P}} \qquad (5.2.11)$$

$\psi(r)$ 时，式（5.2.10）与线性插值式（5.2.7）一致，$\psi(r)=0$ 时，式（5.2.10）与迎风插值式（5.2.8）一致。另外，在 $\psi(r) = \dfrac{3+r}{4}$ 时，式（5.2.10）与 QUICK 方案式（5.2.9）一致。不过，这里为 $u_\mathrm{e} > 0$。同样，可以在 $u_\mathrm{e} < 0$ 的情况下推广。图 5.2.2 示出了这些方案中的函数 $\psi(r)$。

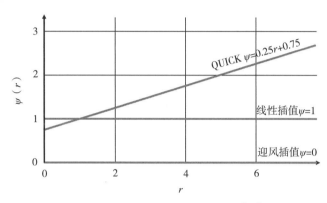

图 5.2.2　对应于各种格式的函数 $\psi(r)$

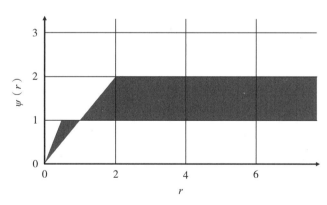

图 5.2.3　二阶精度离散格式且成为 TVD 的函数 $\psi(r)$ 的范围

具有二阶精度并且成为 TVD 的典型函数 $\psi(r)$　　　　　表 5.2.1

名称	函数 $\psi(r)$
Van Leer[112]	$\dfrac{r+\lvert r\rvert}{1+r}$
Min-Mod	$\max[0,\ \min(r,\ 1)]$
SUPERBEE[113]	$\max[0,\ \min(2r,\ 1),\ \min(r,\ 2)]$

图 5.2.3 显示了一个二阶精度离散方案成为 TVD 的函数 $\psi(r)$ 的充分必要条件。

研究者们提出了很多收纳到这个范围的函数 $\psi(r)$。表 5.2.1 中列出了几个典型的例子。TVD 方案不像迎风插值那样混入过大的数值黏性，成为几乎不会引起数值振动的方案而广泛应用。但是，与 LES 的 SGS 涡黏性相比仍然不够小，计算结果可能会被平滑化，需要十分注意[111]。

（5）filteredLinear

在开源 CFD 工具箱 OpenFOAM 中，封装了以线性插值为基础并在预计可能发生数值振荡分布的区域局部混合迎风插值的 filteredLinear 格式群。不仅迎风插值的混合比例可以根据参数调整，而且在平滑解的地方采用的是线性插值，所以其作为 LES 的对流项离散格式的应用案例逐年增加[111, 114]。这里以 filteredLinear2 为例进行概述[111, 115]。

filteredLinear2 和 TVD 一样通过式（5.2.10）求解 ϕ_e。但是，由于 ϕ_e 的范围为 $0 \leq \psi(r) \leq 1$，本质上是线性插值和迎风插值的混合格式。只有当界面两侧各 2 个点的变量分布如图 5.2.4 所示为振荡分布时 $\psi(r) < 1$，混合迎风插值。另外，由于 OpenFOAM 等的非结构化网格求解器难以直接获取 ϕ_w 和 ϕ_{EE}，所以使用与界面相邻的 CV 中的梯度进行估算[111, 116]。

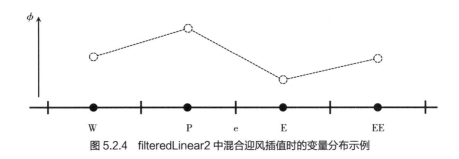

图 5.2.4　filteredLinear2 中混合迎风插值时的变量分布示例

5.3　时间微分项的离散化与时间推进法

对于包含时间微分项（非稳态项）基础方程的空间微分项，应用上节叙述的离散化得到的代数方程，作为初始值运用各种时间推进法（Time-marching method）求解。所谓时间推进法，是指如果能根据某时刻 t 的状态量计算出新时刻 $t+\Delta t$ 的状态量，则通过反复使用该方法来计算任意时刻状态量的方法。时间推进法有显式解法（Explicit Method）和隐式解法（Implicit Method）。显式解法除了时间微分项以外，都用已知量表示，仅用代入操作就能计算，虽然每个时间步骤的计算时间较少，但由于差分计算的稳定条件限制，不能取很大的时间步长 Δt。在隐式解法中，除了时间微分项以外，还包含新时刻 $t+\Delta t$ 的未知量，故需要联立求解一次方程。因此，虽然每个时间步骤的计算时间增加，但由于稳定性好，可以取较大的时间步长 Δt。下文针对用式（5.3.1）表示的变量 ϕ 的时间发展方程，对代表性的时间推进法加以说明。

$$\frac{\partial \phi}{\partial t} = f(\phi) \tag{5.3.1}$$

（1）显式解法（Explicit Method）

① Euler 显式解法

对式（5.3.1）在时间上采用前向差分，可得下式。

$$\phi^{n+1}=\phi^n+f(\phi^n)\cdot\Delta t \tag{5.3.2}$$

该差分格式是一阶精度的。基于稳定性限制，时间刻度幅度 Δt 被赋予较小的值。

② Adams–Bashforth 法

在 Adams–Bashforth 方法中，ϕ^{n+1} 的计算不仅使用 ϕ^n，还使用过去的计算结果 ϕ^{n-1}，构建了求 ϕ^{n+1} 的高阶精度外推方案。二阶精度和三阶精度的 Adams–Bashforth 方法分别为式（5.3.3）和式（5.3.4）。

$$\phi^{n+1}=\phi^n+\{3f(\phi^n)-f(\phi^{n-1})\}\cdot\frac{\Delta t}{2} \tag{5.3.3}$$

$$\phi^{n+1}=\phi^n+\{23f(\phi^n)-16f(\phi^{n-1})-5f(\phi^{n-2})\}\cdot\frac{\Delta t}{12} \tag{5.3.4}$$

前文的 Euler 方法是一阶精度的 Adams–Bashforth 方法。精度越高，就需要存储更多的旧时间数据，对存储容量的要求就越高。

③ Runge–Kutta 法

Runge–Kutta 法是将一个时间步长（t 和 $t+\Delta t$ 之间）分割为多段进行计算，从而提高精度。这里介绍 LES 中常用的 Williamson[117] 的低容量且计算高效的三阶精度（3 段）Runge–Kutta 法，如式（5.3.5）~ 式（5.3.7）所示。其中，$\phi^{(m)}$ 中的 m 表示段数。

$$\phi^{(1)}=\phi^n+\frac{1}{3}\Delta t\cdot f(\phi^n),\ g^{(1)}=f(\phi^{(1)})-\frac{5}{9}f(\phi^n) \tag{5.3.5}$$

$$\phi^{(2)}=\phi^{(1)}+\frac{15}{16}\Delta t\cdot g^{(1)},\ g^{(2)}=f(\phi^{(2)})-\frac{153}{128}g^{(1)} \tag{5.3.6}$$

$$\phi^{n+1}=\phi^{(3)}=\phi^{(2)}+\frac{8}{15}\Delta t\cdot g^{(2)} \tag{5.3.7}$$

（2）隐式解法（Implicit Method）

① Euler 隐式解法

对式（5.3.1）的时间微分项实施一阶精度后向差分如式（5.3.8）。

$$\phi^{n+1}=\phi^n+f(\phi^{n+1})\cdot\Delta t \tag{5.3.8}$$

该格式在一阶精度上无条件稳定。

②二阶精度后向差分

如果对式（5.3.1）的时间微分项应用二阶精度的后向差分，利用过去的计算结果 ϕ^{n-1} 等，就可以得到如式（5.3.9）所示的二阶精度的隐式解法。

$$\frac{3}{2}\phi^{n+1}=2\phi^n-\frac{1}{2}\phi^{n-1}+f(\phi^{n+1})\cdot\Delta t \tag{5.3.9}$$

③ Crank–Nicolson 法

Crank–Nicolson 法是用时间 t 和 $t+\Delta t$ 之间的值来平均计算时间微分以外的项的方案，可写为式（5.3.10）。本格式对在二阶精度下有条件的稳定。

$$\phi^{n+1}=\phi^{n}+\{f\left(\phi^{n}\right)+f\left(\phi^{n+1}\right)\}\cdot\frac{\Delta t}{2} \qquad （5.3.10）$$

LES 中的对流项经常使用二阶精度以上的显式解法，如二阶精度 Adams- Bashforth 法和三阶精度 Runge-Kutta 法；对于扩散项，在墙面或地表附近网格较为密集时，若使用显式解法对时间步长的限制会非常严格，因此一般采用 Crank-Nicolson 法等隐式解法。近年来不区分对流项和扩散项而统一使用二阶精度的隐式解法或 Crank-Nicolson 法的情况也很多。另外，在 RANS 模型的计算中，相比 LES 对混入数值误差的敏感度较低，一般也会使用 Euler 隐式解法，可以增大时间步长幅度从而缩短计算时间。

另外，商用软件为了重视计算的稳定性有时也只采用隐式解法。使用此类软件进行 LES 计算时，应注意尽量选择高阶精度格式，通过减小时间步长幅度来尽量减小数值误差。

5.4　压力和速度的耦合方法

在有限体积法和有限差分法等数值流体模拟中，将式（1.1.1）的连续性方程和式（1.1.5）的动量方程用 5.1 节至 5.3 节叙述的方法进行离散化，可以得到需要求解的代数方程。但是，在非压缩性流体模拟中，连续性方程并未显式地包含压力，所以需要将连续性方程和动量方程式耦合后导出压力的代数方程，即所谓压力和速度耦合的方法。这里针对表 5.4.1 所示的非压缩性流体的典型压力速度耦合方法进行叙述。

针对非压缩性流体的代表性压力和速度耦合方法　　　　　　　　表 5.4.1

压力与速度的耦合方法	对流项和黏性项的时间离散化	用途
MAC 法系列	显式解法	主要用于非稳态模拟
SIMPLE 法系列	隐式解法	主要用于稳态模拟
PISO 法系列	隐式解法	主要用于非稳态模拟

首先叙述各系列方法的特征。由于对流项和黏性项的时间显式离散化的 MAC 法系列不能取较大的时间步长，近年来在商用软件中不太常用，但与其他两个方法系列相比，解法简单，容易实现，因而多用于研究用代码。作为隐式解法的 SIMPLE 法大幅放宽了对时间步长的限制，常用于稳态模拟。PISO 法与 SIMPLE 法同样是隐式解法，但由于在时间步长较小的非稳态模拟中，在连续性方程和动量方程的残差减少收敛过程中需要的反复计算次数和计算成本比 SIMPLE 法更小，多用于非稳态模拟。

5.4.1　MAC 法（Marker And Cell method）

MAC 法[96] 隐式求解连续性方程和动量方程式的压力项，而显式求解其他项。以时间差分为例使用 Euler 显式解法，得到式（5.4.1）和式（5.4.2）。

$$\nabla \cdot \boldsymbol{u}^{n+1}=0 \tag{5.4.1}$$

$$\frac{\boldsymbol{u}^{n+1}-\boldsymbol{u}^{n}}{\Delta t}=F\left(\boldsymbol{u}^{n}\right)-\nabla p^{n+1} \tag{5.4.2}$$

其中，n 表示时间步数，F 是位移项、扩散项、外力项等除压力项以外所有项的总和。此外，密度 ρ 包含在压力中。取（5.4.2）式的散度，得到式（5.4.3）所示的关于压力 p 的泊松方程。

$$\nabla \cdot \nabla p^{n+1}=\frac{\nabla \cdot \boldsymbol{u}^{n}}{\Delta t}+\nabla \cdot F\left(\boldsymbol{u}^{n}\right) \tag{5.4.3}$$

MAC 法中，首先在时刻 $n+1$ 满足连续性方程，将式（5.4.3）离散化后的线型一次方程用共轭梯度法等线型求解法求解 p^{n+1}。接着，由式（5.4.2）求出 $\boldsymbol{u}^{n+1}$。这里通过保留式（5.4.3）的 $\nabla \cdot \boldsymbol{u}^{n}$ 不为零，即使使用较为宽松的收敛判定基准，进行时间推进时误差也不会积累。像这样推导出关于压力的泊松方程来代替连续性方程，作为交替求解动量方程的方法，最早提出的就是 MAC 法。另外，作为 MAC 法的特点，采用了 4.2 节中所述的压力和速度定义点错开半格的 Staggered（交错型）网格，从而避免了压力的空间振荡。但是这种原始版的 MAC 法由于式（5.4.3）右边的边界值和压力的边界条件变得复杂，因此与下述的 SMAC 法相比很少使用。

5.4.2　SMAC 法（Simplified MAC method）

SMAC 法是将动量方程的时间推进分解为两个阶段，通过简化压力泊松方程来求解。例如，在时间差分中使用 Euler 显式解法时，将式（5.4.2）分为式（5.4.4）和式（5.4.5）两个阶段。

$$\frac{\boldsymbol{u}^{*}-\boldsymbol{u}^{n}}{\Delta t}=F\left(\boldsymbol{u}^{n}\right)-\nabla p^{n} \tag{5.4.4}$$

$$\frac{\boldsymbol{u}^{n+1}-\boldsymbol{u}^{*}}{\Delta t}=-\nabla \delta p \tag{5.4.5}$$

其中，$\boldsymbol{u}^{*}$ 是暂定速度，δp 是由式（5.4.6）定义的压力修正量。

$$\delta p=p^{n+1}-p^{n} \tag{5.4.6}$$

取式（5.4.5）的散度，使用 $n+1$ 时间点的连续性方程 $\nabla \cdot \boldsymbol{u}^{n+1}=0$，能导出简化后的压力泊松方程式（5.4.7），即压力修正量的泊松方程。

$$\nabla \cdot \nabla \delta p=\frac{\nabla \cdot \boldsymbol{u}^{*}}{\Delta t} \tag{5.4.7}$$

在 SMAC 法中，首先用式（5.4.4）算出暂定速度 $\boldsymbol{u}^{*}$，将其代入式（5.4.7），求出压力修正量 δp。再用式（5.4.5）和式（5.4.6）求出速度 $\boldsymbol{u}^{n+1}$ 和压力 p^{n+1}。如式（5.4.7）所示，SMAC 法

中的泊松方程右边相比 MAC 法有所简化，因此是 MAC 系列方法中使用较多的方法。

　　MAC 法和 SMAC 法除了压力项以外都是显式解法，计算成本较小。但相对地需要离散化压力泊松方程并联立求解一次方程。数值流体模拟中，在收敛性较好的联立一次方程的线型求解器广泛普及之前，经常使用 HSMAC 法（Highly Simplified MAC method）[118]。HSMAC 法不直接解出式（5.4.7）式所示的压力修正量的泊松方程，而是使用对角占优近似得到的压力修正式以及式（5.4.5）的速度修正式，反复修正压力和速度直到满足连续性方程为止。但是，HSMAC 法本质上相当于用 SOR（Successive Over-Relaxation）法解泊松方程，由于 SOR 法与后述的共轭梯度法和多重网格法等高速线型求解器相比收敛性非常差[119]，在这些高速线型求解器普及以后，HSMAC 几乎不再使用。

5.4.3　SIMPLE 法（Semi-Implicit Method for Pressure-Linked Equations）

　　SIMPLE 法[120, 121]是应用于有限体积法的动量方程（N-S 方程）的数值算法，由 Patankar-Spalding（1972）开发。关于式（1.1.5）的动量方程，除压力项以外，可以离散化如式（5.4.8）所示。

$$a_\mathrm{P}\boldsymbol{u}_\mathrm{P}+\sum a_\mathrm{N}\boldsymbol{u}_\mathrm{N}=-\nabla p+\boldsymbol{b} \tag{5.4.8}$$

其中，a 是离散化方程的系数，角标 P 是有限体积法中的控制体（以下简称 CV）网格，角标 N 是与 CV 相邻的网格，$\boldsymbol{b}$ 是不依赖速度和压力的项。

　　在 SIMPLE 法中，通过迭代法更新速度 $\boldsymbol{u}$ 和压力 p，直到精确地满足连续性方程和动量方程式为止，在重复过程中分解为预测值 $\boldsymbol{u}^*$、p^* 及其修正量 $\boldsymbol{u}'$、p'，分别表示如式（5.4.9）和式（5.4.10）。

$$\boldsymbol{u}=\boldsymbol{u}^*+\boldsymbol{u}' \tag{5.4.9}$$

$$p=p^*+p' \tag{5.4.10}$$

　　首先，使用压力的预测值 p^*，通过解式（5.4.11）求出速度的预测值 $\boldsymbol{u}^*$。

$$a_\mathrm{P}\boldsymbol{u}_\mathrm{P}^*+\sum a_\mathrm{N}\boldsymbol{u}_\mathrm{N}^*=-\nabla p^*+\boldsymbol{b} \tag{5.4.11}$$

将式（5.4.9）和式（5.4.10）代入式（5.4.8），减去式（5.4.11），针对修正量得到式（5.4.12）。

$$a_\mathrm{P}\boldsymbol{u}_\mathrm{P}'+\sum a_\mathrm{N}\boldsymbol{u}_\mathrm{N}'=-\nabla p' \tag{5.4.12}$$

根据连续性方程，可得到式（5.4.13）：

$$\nabla\cdot\boldsymbol{u}_\mathrm{P}=\nabla\cdot\boldsymbol{u}_\mathrm{P}^*+\nabla\cdot\boldsymbol{u}_\mathrm{P}'=0 \tag{5.4.13}$$

式（5.4.12）的两侧除以 a_P，代入上式，得到如式（5.4.14）所示的关于压力修正量的泊松方程。

$$\nabla\cdot\left(\frac{1}{a_\mathrm{P}}\nabla p'\right)=\nabla\cdot\boldsymbol{u}_\mathrm{P}^*-\nabla\cdot\left(\frac{\sum a_\mathrm{N}\boldsymbol{u}_\mathrm{N}'}{a_\mathrm{P}}\right) \tag{5.4.14}$$

　　由于此时还未求出速度的修正量 $\boldsymbol{u}'$，因此上式右侧第二项为未知数，无法求解。考虑到 SIMPLE 法中相邻网格的速度修正量的影响较小，可忽略相邻网格的速度修正项 $\sum a_\mathrm{N}\boldsymbol{u}_\mathrm{N}'$。由此，式（5.4.14）和式（5.4.12）分别近似如式（5.4.15）和式（5.4.16）：

$$\nabla \cdot \left(\frac{1}{a_P} \nabla p' \right) = \nabla \cdot \boldsymbol{u}_P^* \qquad (5.4.15)$$

$$\boldsymbol{u}'_P = -\frac{1}{a_P} \nabla p' \qquad (5.4.16)$$

这样就可以求解式（5.4.15）的泊松方程，通过将求出的压力修正量 p' 代入式（5.4.16）可以容易地求出速度修正量 $\boldsymbol{u}'$。顺带一提，SIMPLE 法名称中的 Semi-Implicit（半隐式）省略了相邻网格的速度修正项，因此意味着它不是 Full-Implicit（全隐式）。

在 SIMPLE 法中，速度修正公式消除了相邻网格的速度修正带来的对流项、扩散项变化的影响，因此速度修正的精度完全取决于压力修正，压力修正受到非常严格的制约。因此，为了避免过大的压力修正量，使用松弛系数 α_P，引入了如式（5.4.17）所示的亚松弛。

$$p = p^* + \alpha_P p \qquad (5.4.17)$$

关于动量方程的解法，强非线性的迭代计算容易不稳定。为了避免这种情况得到收敛解，对式（5.4.11）进行了亚松弛，变成求解式（5.4.18）。

$$\frac{1}{\alpha_u} \alpha_P \boldsymbol{u}_P^* + \sum \alpha_N \boldsymbol{u}_N^* = -\nabla p^* + \boldsymbol{b} + \frac{(1-\alpha_u)}{\alpha_u} \alpha_P \boldsymbol{u}_P^{old} \qquad (5.4.18)$$

其中，缓和系数 α_u 是松弛系数，$\boldsymbol{u}^{old}$ 是前一次迭代中的速度。Patankar[121] 认为松弛系数的值为 $\alpha_P = 0.7$，$\alpha_u = 0.5$ 对于大多数流场计算来说已经足够，但是稳定且收敛性好的松弛系数的条件严重依赖于流场、网格、赖离散化格式等多种模拟条件，因此很难设定最佳松弛系数。

SIMPLE 法的算法总结如下。

1. 将上次迭代计算的压力 p^{old} 作为压力的预测值 p^*。

2. 解式（5.4.18），求速度预测值 $\boldsymbol{u}^*$。

3. 解式（5.4.15），求压力修正量 p'。

4. 根据式（5.4.16），求出速度的修正量 $\boldsymbol{u}'$。

5. 由式（5.4.9）、式（5.4.10）计算速度 $\boldsymbol{u}$ 和压力 p。

6. 重复上述步骤，直到得到收敛解。

SIMPLE 法在求速度和压力时引入了大胆的近似，并且为了稳定求解动量方程和压力修正量式，在设定松弛系数时具有较高的自由度。目前出现了 SIMPLER[120, 122]、SIMPLEC[123]、SIMPLED[124] 等许多改进版本，也有很多与 SIMPLE 法相关的研究 [125-127]。

5.4.4 PISO 法（Pressure-Implicit with Splitting of Operators）

SIMPLE 法中，如式（5.4.9）和式（5.4.10）所示，预测值的修正仅为 1 次。如式（5.4.19）~式（5.4.22）所示，PISO 了使用二次修正量 $\boldsymbol{u}''$、p'' 和二次预测值 $\boldsymbol{u}^{**}$、p^{**}。分两次修正是 PISO 方法的特征[128]。

$$\boldsymbol{u}^{**} = \boldsymbol{u}^* + \boldsymbol{u}' \qquad (5.4.19)$$

$$u=u^{**}+u'' \tag{5.4.20}$$

$$p^{**}=p^*+p' \tag{5.4.21}$$

$$p=p^{**}+p'' \tag{5.4.22}$$

和 SIMPLE 方法一样如果忽略相邻网格的速度修正项，就会以 SIMPLE 方法中修正量方程的形式得到二次修正量的方程，如式（5.4.23）和式（5.4.24）所示。

$$\nabla \cdot \left(\frac{1}{a_P}\nabla p''\right) = \nabla \cdot \boldsymbol{u}_P^{**} \tag{5.4.23}$$

$$a_P\boldsymbol{u}''_P = -\nabla p'' \tag{5.4.24}$$

由于速度的二次预测值 $\boldsymbol{u}^{**}$ 加上了一次修正量 $\boldsymbol{u}'$，所以在求解式（5.4.23）时，要考虑式（5.4.15）中忽略的相邻网格的一次修正量项。虽然仍然忽略了相邻网格的二次速度修正量项，但由于二次修正量通常小于一次修正量，其近似误差相比忽略第一速度修正量项更小。因此，PISO 法与 SIMPLE 法不同，通常不需要进行亚松弛。

PISO 法的算法总结如下。

1. 将非稳态模拟中上一个时间步骤中的压力 p^n 或稳态模拟中上一次迭代的压力 p^{old} 作为压力的一次预测值 p^*。

2. 解式（5.4.18），得到速度的一次预测值 $\boldsymbol{u}^*$。

3. 解式（5.4.15），求压力的一次修正量 p'。

4. 根据式（5.4.16），求出速度的一次修正量 $\boldsymbol{u}'$。

5. 根据式（5.4.19）、式（5.4.21）计算二次预测值的速度 $\boldsymbol{u}^{**}$ 和压力 p^{**}。

6. 解式（5.4.23），求压力的二次修正量 p''。

7. 根据式（5.4.24），求出速度的二次修正量 $\boldsymbol{u}''$。

8. 由式（5.4.20）、式（5.4.22）计算速度 $\boldsymbol{u}$ 和压力 p。

9. 进入非稳态模拟的下一个时间步骤或稳态模拟的下一次迭代。

除了 SIMPLE 法的一次修正和 PISO 法的二次修正之外，同样可以进行 3 次以上的修正。此外，由于式（5.4.23）左边的系数与式（5.4.15）相同，所以也可以利用系数矩阵[129]。PISO 法在一次迭代中会解两次以上的动量方程和泊松方程，与 SIMPLE 法相比，每次迭代的计算成本较高，因此在稳态模拟中不常用。另外，LES 模拟等时间步长较小的非稳态模拟只需 2 次修正就能充分满足连续性方程和动量方程，很多时候总体计算成本比 SIMPLE 法小，因此 PISO 方法经常用于时间步长较小的非稳态模拟。

5.5　联立一次方程的解法

流体的基础方程经过第 5.1—5.3 节的离散化，可归纳为联立一次方程 $\boldsymbol{Ax=b}$（A：系数矩阵，x：待解向量，b：常数向量）。另外，不耦合多个方程而是分别求解时，矩阵或向量的维度 N 是计算网格数或节点数程度的值。而且在有限差分法、有限体积法、有限元素法等离散化方法中，系数矩阵通常非稠密矩阵而是稀疏矩阵，因此系数矩阵的元素数不是 $O(N^2)$，而是 $O(N)$。在非压缩性流体模拟中，连续性方程中没有时间项，与动量方程式的耦合一般可以归纳为关于压力的椭圆形泊松方程。用中心差分将泊松方程离散化，联立一次方程得到的系数矩阵是对称的。对于不伴随对流的热扩散和热传导方程的系数矩阵也是对称的。另外，伴随着动量方程等的对流扩散方程的系数矩阵则不对称。对称矩阵的优点是可以将非对角项所需的存储容量减半，同时由于利用了矩阵的对称性，与非对称矩阵相比，联立一次方程组的解法大多变得简洁。

在非压缩性流体模拟中，对动量方程和能量守恒方程等与对流扩散方程对应的非对称矩阵进行联立的一次方程求解所花费的时间较小，而压力泊松方程所对应的对称矩阵联立一次方程的求解占据了大部分时间。因此，在非压缩性流体模拟中，选择对压力稳定且高速的线型求解器对于提高计算效率非常重要。

联立一次方程的解法大致分为直接法和迭代法，迭代法又大致分为稳定解法和非稳定解法。直接法有 Gauss 消元法和 LU 分解法等，另外用于对称矩阵的有 Cholesky 分解法。直接法的优点是运算次数基本固定，可以事先预判计算时间，即使遇到恶劣条件的问题也能稳定解决，但与迭代法相比，随着维度数 N 的增加，数据存储量和计算量显著增加。同时，根据后文叙述，直接法的并行模拟计算效率较低，所以很少在模拟区域网格数较大的数值流体模拟中使用。

迭代法是从解向量 x 的适当初始值 $x^{(0)}$ 出发，对迭代途中的解向量 $x^{(k)}$，采用某种运算使 $x^{(k)}$ 收敛到真正的解的方法。与直接法相比，迭代法的数据存储量和计算量较少，而且适用于并行计算，所以 CFD 中联立一次方程求解经常使用迭代法。另外，迭代法与直接法不同，很难事先预测迭代次数。此外，根据解法的不同，在恶劣条件下的问题收敛性非常低，为了提高收敛性和并行时的计算效率等，研究出了多种的迭代法。

稳定迭代法是使用线性的渐化式 $x^{(k+1)}=Cx^{(k)}+d$（C：常数矩阵，d：常数向量）不断更新解向量的方法，因为渐化式是不变化的、稳定的，所以被称为稳定迭代法。代表性的稳定迭代法有 Jacobi 法、Gauss–Seidel 法、SOR 法（Successive Over–Relaxation，逐步加速松弛）、ADI法（Alternating–Direction Implicit Iterative Method，交互方向法）等。每次迭代的运算量小，实现容易，但与后述的非稳定迭代法相比，收敛性一般较差。另一方面，与非稳定迭代法不同，由于几乎没有用于迭代计算的预处理的计算成本，所以经常应用于如非稳态模拟中的动量方程式等用较少迭代次数便可良好收敛的方程系统。

非稳定迭代法中解向量的渐化式是非稳定的，通常渐化式对解向量采用非线性的方法，数值流体力学中多使用属于 Krylov（克雷洛夫）子空间算法。非稳定迭代法通常比稳定迭代法收敛快，但实现复杂，特别是在提高并行计算的计算效率方面需要更多的功夫。代表性的 Krylov 子空间算法有对称矩阵用的 CG 法（Conjugate Gradient，共轭梯度法），非对称矩阵用的

Bi-CG 法（Bi-Conjugate Gradient，双共轭梯度法）、CGS 法（Conjugate Gradient Squared，共轭梯度平方法）、Bi-CGSTAB 法（Stabilized Bi-CG，稳定双共轭梯度法）等。Krylov 子空间法在系数矩阵 A 的不同特征值的个数为 L 的情况下，理论上需要迭代 L 次而收敛，但实际上由于舍入误差的影响，有时在达到 L 次时不收敛。通过集中系数矩阵的特征值分布以较少的迭代进行收敛，所以 Krylov 子空间法中一般进行预处理后求解联立 次方 $M^{-1}Ax = M^{-1}b$。式中，M 是预处理矩阵，为了收集 $M^{-1}A$ 的特征值分布，最好选择尽可能接近单位矩阵的矩阵。作为预处理的方法，一般对对称矩阵使用不完全乔里斯基分解（Incomplete Cholesky，IC），对非对称矩阵使用不完全 LU 分解（Incomplete LU）。M 的非零元素（fill-in）增加的话会增大存储容量和 $M^{-1}x$ 的运算负荷，所以在对系数矩阵 A 进行 Cholesky 分解或 LU 分解时不进行完全分解从而限制非零元素的数量。此外，预处理也采用将对角分量设为 1 的简单对角标度矩阵，与不完全分解相比并行化效率高，但如图 5.5.1 所示，一般比不完全分解更慢。

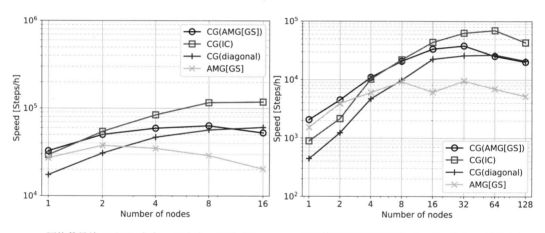

网格数量约37万[120（x）×65（y）×48（z）]　　网格数量约300万[240（x）×130（y）×96（z）]

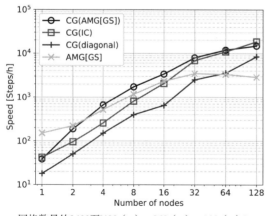

网格数量约2400万[480（x）×260（y）×192（z）]

流场：通道流（OpenCAE学会channelReTau110）
计算机：东京大学超级计算机Reedbush-U
求解算法：PIMPLE法（OpenFOAM v1612+ pimpleFoam）
湍流模型：无
区域分割：每计算节点64（分割方法：scotch）
速度方程求解器：Bi-CG（预处理：不完全LU分解法）
压力方程求解器：CG，AMG（代数Multigrid法）
CG预处理（圆括号内）：IC, diagonal（对角标度矩阵）
AMG格式（方括号内）：GS（Gauss-Seidel法）

x：主流方向，y：横向方向，z：壁面法线方向

图 5.5.1 压力方程的解法及求解速度比较

通常迭代法中接近网格划分尺寸的高频波长残差会迅速减少，但低频残差的衰减非常缓慢。随着维度数的增加，迭代次数增大。在 Multigrid 法（多重网格法）中，不仅与原来的网格系统，而且与更粗的网格系统，乃至更粗的网格系统分层地联立一次方程来求解，能够有效地衰减各网格系统中的波长残差，收敛快，迭代次数不太依赖维度数。因此，Multigrid 法多用作压力的线型求解器。此外，Multigrid 法有时也被直接用作线性求解器的解法，也被用于 Krylov 子空间法的预处理运算中。通常随着并行数量的增加，粗网格系统导致计算通信瓶颈会使得 Multigrid 法计算效率低下，如图 5.5.1 所示。在多节点并行时，Multigrid 法具有比 IC 预处理的 CG 法慢的趋势。因此，目前针对多节点并行时如何提高 Multigrid 法的计算效率也有相关研究[130]。

5.6　并行计算

在 20 世纪 90 年代之前，根据登纳德缩放定律（Denad Scaling，1974 年由 IBM 的 Rober H.Dennard 提出），将晶体管微细化后将变得高速且省电，至此 CPU 的性能不断提升，但随着进一步微细化的发展 Denad Scaling 逐渐失效，处理器单体核心性能的进一步提升变得越来越困难。因此，2000 年开始 CPU 的发展逐渐改变方向，CPU 内的处理器核心由单个改为多个，以提高 CPU 的性能，在数值流体模拟中也采用多核心进行并行计算，实现了计算速度的快速化。

并行计算包括线程并行和进程并行，以及将两者组合的混合并行。线程并行是在一个进程内生成多个线程，给各线程分配单独的处理器核心进行并行计算。在数值流体模拟中，需要对计算网格中的变量进行反复迭代等各种运算。在线程并行计算中，整个网格的迭代计算通常被划分为多个线程并行执行。线程并行也可以通过编译器的自动并行化来实现，但由于自动并行化的并行化性能较低，所以在程序中需要进行线程并行的迭代计算部分通常需要添加描述线程并行化的指示语句。

进程并行是指启动多个进程，给各进程分配单独的处理器核心进行并行计算。与线程并行不同，进程并行不共享内存空间，因此需要明确地进行进程间通信来交换数据。由于内存空间是独立的，所以进程不需要在同一计算节点内。可以进行跨节点的并行计算。在数值流体模拟中，主流做法是将模拟区域分割为多个子区域，再将各部分区域分配给各处理器的区域分割型并行计算。现在一般采用 MPI（Message Passing Interface）来实现进程并行。在使用多个计算节点的进程并行中，由于节点之间要进行进程间通信，因此并行计算的效率依赖于节点之间互联的网络通信性能。此外，根据 MPI 库的种类、版本以及 MPI 设置，计算效率可能会有较大差异。

混合并行是线程并行和进程并行的组合。近年来，CPU 逐渐向拥有多个处理器核心的多核化发展，在使用多个拥有此类 CPU 的计算节点进行并行计算时，如果全部都是进程并行的话，在同一 CPU 内进行进程间通信会产生开销，导致计算效率下降。因此，需要给每个 CPU

分配进程，CPU 内的多个核心通过用于线程并行的混合并行来抑制性能下降。但是，混合并行需要同时考虑实现线程并行和进程并行，因此代码较为复杂。

在区域分割型并行计算中，如果分割区域的网格数量严重不平均，并行化效率会显著下降，因此需要尽量保持各分割区域的网格数量一致。另外，必须在分割区域的共享界面进行进程间通信，通信量取决于共享界面数量，通信量的增加一般会降低并行计算效率，因此减少共享界面数量很重要。复杂的网格形状很难同时实现网格数的均匀化和共享界面数量最小化，但通过使用 Metis 或 Scotch 等区域分割库则可以自动实现。

当并行数变为 n 倍时模拟时间从 T_s 减少到 T_p，则可定义加速率（Speed up 率）为 $S_p = T_s/T_p$，并进一步计算出并行化效率 $e_p = S_p/n$，将并行化效率相比 1 而言不显著降低的状态称为缩放状态。在缩放的并行数范围内，即使提高并行数计算机的总使用时间（节点时间）也保持不变，模拟花费时间可以与并行数成比例地缩短，所以事先通过预备计算针对缩放的并行数范围加以讨论，对提高并行计算的效率而言非常重要。另外，第 5.5 节曾提及，线性求解器根据并列倍数其快速计算的优劣有所不同，因此关于并列倍数及线性求解器，最好在预备计算时就加以考虑。

第6章　边界条件

6.1　壁面边界条件（流场）

6.1.1　RANS 模型中的速度壁面边界条件

（1）no-slip 条件（linear law）

将墙壁面上的风速设为 0，根据壁面附近的直线速度分布，给出壁面剪切应力 τ_w（$=\rho u_*^2$），如式（6.1.1）。

$$\frac{\langle \tau_\mathrm{w} \rangle}{\rho} = v \frac{\partial \langle u \rangle}{\partial x_n} \bigg|_\mathrm{wall} \qquad (6.1.1)$$

其中 x_n 表示壁面法线方向坐标。

在式（6.1.1）中，如果将壁面流体侧第 1 个网格的切线方向速度定义为 $\langle u_\mathrm{p} \rangle$，$\langle u_\mathrm{p} \rangle$ 的定义位置到壁面的距离定义为 x_p，则壁面剪切应力由式（6.1.2）给出。

$$\frac{\langle \tau_\mathrm{w} \rangle}{\rho} = v \frac{\langle u_\mathrm{p} \rangle}{x_\mathrm{p}} \qquad (6.1.2)$$

这种情况下，需要对被称为黏性底层的壁面坐标 $x_n^+ = x_n u_*/v$ 低于 5 的区域进行足够细致的网格划分，以保证墙面附近能够分辨到科尔莫戈罗夫微观尺度的旋涡。

在以高雷诺数流动中的复杂形状为对象的实际三维模拟中，大多数情况下难以如此细致地划分墙面附近的网格。但是在形状较简单、能够充分细致进行网格划分时，就可以使用低雷诺数型 k-ε 模型等来使用该边界条件。

（2）壁面函数（wall function）

当壁面附近无法充分细致划分网格时不应当使用 no-slip 条件。此时可使用所谓的壁面函数条件，该条件在壁面和离壁第 1 层网格之间假定适当的关系。但是，在碰撞、剥离、循环流等存在的流场中，假设以下所述的幂法则和对数法则的速度分布本身就有些勉强，因此目前也在研究更普遍的边界条件。另外，在应用壁面函数时，离壁第 1 层网格切线方向速度 $\langle u_\mathrm{p} \rangle$ 的定义点以位于湍流区（$x_\mathrm{p}^+ > 30$）为前提。

以下展示与壁面剪切应力 τ_w 有关的典型壁面壁函数。

①幂法则（power law）

使用幂法则，墙面附近的速度梯度由式（6.1.3）给出。

$$\frac{\langle u(x_n) \rangle}{\langle u_p \rangle} = \left(\frac{x_n}{x_p}\right)^{1/m} \tag{6.1.3}$$

对于幂指数 $1/m$，根据雷诺数和粗糙面的条件取值不同。研究建议光滑面湍流边界层取 $1/7$ 左右，粗糙面湍流边界层取 $1/4$ 左右[131]。用 x_n 对式（6.1.3）两侧进行微分，在 $\langle u_p \rangle$ 的定义点位置 $\langle x_p \rangle$ 处的速度梯度可由式（6.1.4）表示。

$$\left.\frac{\partial \langle u \rangle}{\partial x_n}\right|_{x_n=x_p} = \frac{1}{m}\frac{\langle u_p \rangle}{x_p} \tag{6.1.4}$$

此时 $x_n=x_p$ 中的剪切应力 τ_{x_p} 以 $(v+v_t)\partial \langle u \rangle/\partial x_n$ 给出。设壁面法线方向上动量通量一定（constant flux），则根据式（6.1.4），壁面剪切应力 τ_w 可由式（6.1.5）计算。

$$\frac{\langle \tau_w \rangle}{\rho} \sim \frac{\langle \tau_{x_p} \rangle}{\rho} = (v+v_t)\left.\frac{\partial \langle u \rangle}{\partial x_n}\right|_{x_n=x_p} = (v+v_t)\frac{1}{m}\frac{\langle u_p \rangle}{x_p} \tag{6.1.5}$$

②光滑面对数定律（log law）

假设在壁面附近基于对数法则的速度分布，基于式（6.1.6）使用 x_p 和 $\langle u_p \rangle$ 就能求出 $\langle \tau_w \rangle$。

$$\frac{\langle u_p \rangle}{(\langle \tau_w \rangle/\rho)^{1/2}} = \frac{1}{\kappa}\ln x_p^+ + A = \frac{1}{\kappa}\ln\left(\frac{(\langle \tau_w \rangle/\rho)^{1/2}x_p}{v}\right) + A \tag{6.1.6}$$

或者，也有将实验常数 $A=\kappa^{-1}\ln E$ 包含在对数中如式（6.1.7）表示的情况。

$$\frac{\langle u_p \rangle}{(\langle \tau_w \rangle/\rho)^{1/2}} = \frac{1}{\kappa}\ln E x_p^+ \tag{6.1.7}$$

对于 A 和冯卡门常数 κ，实验结果[131]表明光滑面平板边界层 $A=5.0$、$\kappa=0.41$，光滑圆管 $A=5.5$、$\kappa=0.4$，因此作为光滑面壁面函数，$A=5.0\sim5.5$（$E=7.8\sim9.8$），$\kappa=0.40\sim0.42$。

有时也采用包含粗糙度长度 z_0 的 z_0 型对数法则作为壁面附近的速度分布。在这种情况下，关系如式（6.1.8）。

$$\frac{\langle u_p \rangle}{(\langle \tau_w \rangle/\rho)^{1/2}} = \frac{1}{\kappa}\ln\left(\frac{x_p}{z_0}\right) \tag{6.1.8}$$

根据式（6.1.6）和式（6.1.8）的对应关系，光滑面的粗糙度可认为是 $z_0=v/u_*\exp(-\kappa A) \sim 0.11v/u_*$（当 $A=5.5$，$\kappa=0.4$ 时）。

③广义对数法则（generalized log law）

使用式（6.1.6）计算壁面剪切应力 $\langle \tau_w \rangle$ 时，log 的真数中包含 $\langle \tau_w \rangle$，所以不能直接显式求 $\langle \tau_w \rangle$，需要进行迭代计算，并由此产生与此相关的计算负荷。为了避免这个问题，Launder 等人提出了被称为广义对数法则（或一般化对数法则）的对数法则[1]。广义对数法则由式（6.1.9）定义。

$$\frac{\langle u_{\mathrm{p}}\rangle}{(\langle\tau_{\mathrm{w}}\rangle/\rho)^{1/2}}\frac{(C_{\mu}^{1/2}k_{\mathrm{p}})^{1/2}}{(\langle\tau_{\mathrm{w}}\rangle/\rho)^{1/2}}=\frac{1}{\kappa}\ln\left(\frac{E(C_{\mu}^{1/2}k_{\mathrm{p}})^{1/2}x_{\mathrm{p}}}{v}\right)\tag{6.1.9}$$

其中，k_{p} 是壁面第 1 层网格的湍流动能。式（6.1.9）所示的广义对数法则的特点是，包含在对数中的速度尺度采用了由第 1 层网格的湍流动能 k_{p} 决定的摩擦速度 $(C_{\mu}^{1/2}k_{\mathrm{p}})^{1/2}$。

④平滑连接黏性底层和对数层的函数

通过使用平滑连接黏性底层和对数层的函数，不管壁面坐标 x_{p}^{+} 的大小都适用同一个壁面函数。一个典型例子是式（6.1.10）的 Spalding 法则[132]。

$$\begin{aligned}\frac{x_{\mathrm{p}}(\langle\tau_{\mathrm{w}}\rangle/\rho)^{1/2}}{v}=&\frac{\langle u_{\mathrm{p}}\rangle}{(\langle\tau_{\mathrm{w}}\rangle/\rho)^{1/2}}\\&+\frac{1}{E}\left[\exp\left(\frac{\kappa\langle u_{\mathrm{p}}\rangle}{(\langle\tau_{\mathrm{w}}\rangle/\rho)^{1/2}}\right)-1-\frac{\kappa\langle u_{\mathrm{p}}\rangle}{(\langle\tau_{\mathrm{w}}\rangle/\rho)^{1/2}}\right.\\&\left.-\frac{1}{2}\left(\frac{\kappa\langle u_{\mathrm{p}}\rangle}{(\langle\tau_{\mathrm{w}}\rangle/\rho)^{1/2}}\right)^{2}-\frac{1}{6}\left(\frac{\kappa\langle u_{\mathrm{p}}\rangle}{(\langle\tau_{\mathrm{w}}\rangle/\rho)^{1/2}}\right)^{3}\right]\end{aligned}\tag{6.1.10}$$

由于是平滑连接黏性底层和对数层的函数，所以不需要根据墙壁坐标的大小来切换函数，但是为了高精度地预测摩擦应力，可应用低雷诺数型模型等，以适当地再现在壁面附近黏性底层的流动。

⑤粗糙面对数法则

壁面不光滑存在凹凸时（粗糙面），由于很难通过网格表现表面的凹凸，所以应用粗糙面对数法则作为边界条件对表面粗糙度进行建模。粗糙面对数法则的有效粗糙度高度为 k_{s}，实验常数为 A_{s}（同时 $E_{\mathrm{s}}=\exp(\kappa A_{\mathrm{s}})$），模型表达式如式（6.1.11）[133, 134]。

$$\frac{\langle u_{\mathrm{p}}\rangle}{(\langle\tau_{\mathrm{w}}\rangle/\rho)^{1/2}}=\frac{1}{\kappa}\ln\left(\frac{x_{\mathrm{p}}}{k_{\mathrm{s}}}\right)+A_{\mathrm{s}}=\frac{1}{\kappa}\ln\left(\frac{E_{\mathrm{s}}x_{\mathrm{p}}}{k_{\mathrm{s}}}\right)\tag{6.1.11}$$

根据 Nikuradse[133] 的粗糙圆管实验结果，得到实验常数 $A_{\mathrm{s}}=8.48$（$E_{\mathrm{S}}=29.7$），冯卡门常数 $\kappa=0.4$。已知在同一粗糙面中，雷诺数足够大是实验常数 A_{s} 变为恒定值[134, 135]。另外，需要注意的是实验常数 A_{s} 根据粗糙度（粗糙度密度、形状、分布状态等）而不同。

在实验常数 A_{s} 中反映粗糙度的粗糙面对数法则采用式（6.1.12）[67]。

$$\frac{\langle u_{\mathrm{p}}\rangle}{(\langle\tau_{\mathrm{w}}\rangle/\rho)^{1/2}}=\frac{1}{\kappa}\ln\left(\frac{Ex_{\mathrm{p}}(\langle\tau_{\mathrm{w}}\rangle/\rho)}{v(1+C_{\mathrm{s}}k_{\mathrm{s}}^{+})}\right)=\frac{1}{\kappa}\ln\left(\frac{x_{\mathrm{p}}}{k_{\mathrm{s}}}\right)+\frac{1}{\kappa}\ln\left(\frac{Ek_{\mathrm{s}}^{+}}{(1+C_{\mathrm{s}}k_{\mathrm{s}}^{+})}\right)\tag{6.1.12}$$

其中，粗糙度雷诺数 $k_{\mathrm{s}}^{+}=k_{\mathrm{s}}u^{*}/v$，$C_{\mathrm{s}}$ 为实验常数。因此，实验常数 A_{s} 由粗糙度雷诺数 k_{s}^{+} 和参数 C_{s} 根据式（6.1.13）估计。

$$A_{\mathrm{s}}=\frac{1}{\kappa}\ln\left(\frac{Ek_{\mathrm{s}}^{+}}{(1+C_{\mathrm{s}}k_{\mathrm{s}}^{+})}\right)\tag{6.1.13}$$

此外，也有以粗糙度长度 z_0 为参数，用 z_0 型对数法则表现表面凹凸的情况，即式（6.1.14），此式形式与式（6.1.8）相同。

$$\frac{\langle u_{\mathrm{p}} \rangle}{(\langle \tau_{\mathrm{w}} \rangle / \rho)^{1/2}} = \frac{1}{\kappa} \ln \left(\frac{x_{\mathrm{p}}}{z_0} \right) \tag{6.1.14}$$

根据式（6.1.11）与式（6.1.14）的关系，有效粗糙度高度 k_{s} 与粗糙度长度 z_0 的关系为 $z_0 = k_{\mathrm{s}} \exp(-\kappa A_{\mathrm{s}})$。应用 Nikuradse 的实验常数 $A_{\mathrm{s}} = 8.48, \kappa = 0.4$ 可得到 $k_{\mathrm{s}} \sim 29.7 z_0$。另外，式（6.1.13）中的有效粗糙度高度 k_{s} 与粗糙度长度 z_0 的关系式（6.1.15）给出 [67]。

$$k_{\mathrm{s}} = \frac{E k_{\mathrm{s}}^+}{1 + C_{\mathrm{s}} k_{\mathrm{s}}^+} z_0 \sim \frac{E}{C_{\mathrm{s}}} z_0 \tag{6.1.15}$$

6.1.2　RANS 模型中湍流动能及其耗散率的边界条件

（1）湍流动能 k 的边界条件

通常将湍流动能 k 在与壁面垂直方向上的梯度设为零，并假设 k 在与壁面接触的网格中的产生和耗散相等（局部平衡），以求解输运方程。

或者，根据速度壁面边界条件的对数法则确定的壁面摩擦应力，由式（6.1.16）给出。

$$k_{\mathrm{p}} = \frac{\langle \tau_{\mathrm{w}} \rangle / \rho}{C_\mu^{1/2}} \tag{6.1.16}$$

（2）耗散率 ε 的边界条件

在与壁面接触的网格中，假设局部平衡、恒定通量和对数法则，则第 1 层网格中的耗散率 ε_{p} 可以用摩擦速度 u_* 通过式（6.1.17）表现。

$$\varepsilon_{\mathrm{p}} = \frac{u_*^3}{\kappa x_{\mathrm{p}}} \tag{6.1.17}$$

摩擦速度 $u_* = (\langle \tau_{\mathrm{w}} \rangle / \rho)^{1/2}$ 由对数法则确定的壁面摩擦 $\langle \tau_{\mathrm{w}} \rangle$ 决定。或者根据与壁面接触的网格的湍流动能 k_{p} 来推算摩擦速度 $u_* = C_\mu^{1/4} k_{\mathrm{p}}^{1/2}$，然后通过式（6.1.18）来计算第 1 层网格的耗散率 ε_{p}。

$$\varepsilon_{\mathrm{p}} = \frac{C_\mu^{3/4} k_{\mathrm{p}}^{3/2}}{\kappa x_{\mathrm{p}}} \tag{6.1.18}$$

另外，也可以在假设广义对数法则成立的前提下，关于壁面的 ε 假设建筑附近 k 的产生和耗散相等的条件下，与壁面接触的网格内的 ε 进行体积，k 输运方程式中的 ε 由式（6.1.19）给出。

$$\varepsilon_{\mathrm{p}} = \frac{C_\mu^{3/4} k_{\mathrm{p}}^{3/2}}{\kappa x_{\mathrm{p}}} \ln \left(\frac{E \left(C_\mu^{1/2} k_{\mathrm{p}} \right)^{1/2} x_{\mathrm{p}}}{\nu} \right) \tag{6.1.19}$$

6.1.3　LES 中的壁面边界条件

（1）no-slip 条件（linear law）

很多情况下 LES 使用比 RANS 更精细的计算网格，因此作为壁面边界条件也多采用 no-slip 条件。在 no-slip 条件下，使用分辨尺度风速 $\bar{u}$，根据式（6.1.20）将瞬时壁面剪切应力 $\bar{\tau}_w$ 作为边界条件。

$$\frac{\bar{\tau}_w}{\rho} = \nu \frac{\partial \bar{u}}{\partial x_n}\bigg|_{\text{wall}} = \frac{\nu \bar{u}_P}{x_P} \tag{6.1.20}$$

另外，使用壁面第 1 层网格的壁面坐标 $x_P^+ = x_P u_*/\nu$ 可将式（6.1.20）变形为式（6.1.21），无量纲风速 $\bar{u}_P/(\bar{\tau}_w/\rho)^{1/2}$ 和壁面坐标 x_P^+ 之间的线性关系成立。

$$\frac{\bar{u}_P}{(\bar{\tau}_w/\rho)^{1/2}} = x_P^+ \tag{6.1.21}$$

（2）壁面函数

将 LES 应用于如建筑物周边气流等雷诺数大的流场时，no-slip 条件会引起计算负荷的增大，所以也经常使用人工壁面边界条件（壁面函数）。壁面函数原本是适用于平均值的，但为了实用方便，也常应用于 LES 计算的瞬时值[136]。

在细化网格划分时，当壁面附近的网格处于黏性底层时，有时也使用对应 no-slip 条件直线分布的 2 层模型。Werner 等人提出的 linearpower law 型 2 层模型 [式（6.1.22）][137] 是 2 层模型的一个例子。

$$\frac{\bar{u}_P}{(\bar{\tau}_w/\rho)^{1/2}} = \begin{cases} x_P^+ & (x_P^+ \leqslant 11.81) \\ 8.3 x_P^{+1/7} & (x_P^+ > 11.81) \end{cases} \tag{6.1.22}$$

此处的幂指数为 1/7。这个 2 层模型近年来有很多应用案例[138, 139]。另外，该幂法则假定的速度分布实际上与对数定律的速度分布几乎相同。

也有使用平滑连接黏性底层和对数层的函数的情况。其中一个例子是在 RANS 模型中用于平均风速的 Spalding 法则[132] 也可适用于 LES 瞬时风速，如式（6.1.23）所示。

$$\frac{x_P(\bar{\tau}_w/\rho)^{1/2}}{\nu} = \frac{\bar{u}_P}{(\bar{\tau}_w/\rho)^{1/2}}$$

$$+ \frac{1}{E}\left[\exp\left(\frac{\kappa \bar{u}_P}{(\bar{\tau}_w/\rho)^{1/2}}\right) - 1 - \frac{\kappa \bar{u}_P}{(\bar{\tau}_w/\rho)^{1/2}} - \frac{1}{2}\left(\frac{\kappa \bar{u}_P}{(\bar{\tau}_w/\rho)^{1/2}}\right)^2\right. \tag{6.1.23}$$

$$\left. - \frac{1}{6}\left(\frac{\kappa \bar{u}_P}{(\bar{\tau}_w/\rho)^{1/2}}\right)^3\right]$$

Spalding 法则是平滑连接黏性底层和对数层的函数，因此无须根据壁面坐标 x_P^+ 的大小来切换函数。

（3）浸没边界法

为了使离散化误差最小化，通常建议采用正交性高的网格。但是，城市模型的壁面大多方向各异且不均匀，对其进行精细的网格划分并非易事。在这种背景下，可采用浸没边界法（Immersed Boundary Method）[140]。浸没边界法是利用正交网格形成模拟区域并对建筑内侧的点施加强制力 F_i（i=1，2，3）。强制力以建筑界面的速度和浓度为目标值，通过建筑内部的点和流体空间点群的插值确定，如式（6.1.24）所示。

$$\frac{\partial u_i}{\partial t} + \frac{\partial u_i u_j}{\partial x_j} = \text{RHS} + F_i \tag{6.1.24}$$

上式中，u_i 是风速的三个方向分量，RHS 是由压力项和扩散项引起的 N–S 方程式的右侧部分，F_i 是建筑界面或内侧网格点附加的强制力。对强制力的附加提出了几种方法。Feedback forcing 法[140] 是基于建筑物界面的网格位置 x_s，按照瞬时风速和历史风速两者的比例进行控制的方法，如式（6.1.25）。

$$\boldsymbol{F} = a \int_0^t \boldsymbol{U}(x_s, t') \, dt' + \beta \boldsymbol{U}(x_s, t) \tag{6.1.25}$$

其中，$\boldsymbol{F}$=（F_1，F_2，F_3），$\boldsymbol{U}$ 是任意时刻的风速向量，α，β 是负反馈常数.

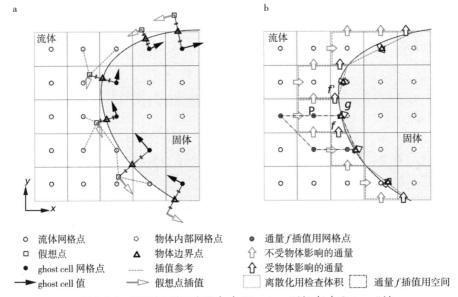

图 6.1.1　浸没边界法示意图（a）Ghost-cell 法　（b）Cut-cell 法

这种方法由于数值上的不稳定性对时间步长间隔限制很大。Ghost-cell 法[141] 如图 6.1.1（a）所示，针对流体网格点（图中〇）离散化计算时需要相关信息的网格点 [后文称为 ghost cell 网格点，在二阶精度时为图 6.1.1（a）中的●]，设定强制力（风速）以规定物体边界点的风速 [图 6.1.1（a）中△]。因此，将 ghost cell 网格点相对于物体边界点的对称位置识别为假想点 [图 6.1.1（a）中的□]，该值由附近的物体边界点（△）和流体网格点（有虚线向□延伸的〇）插值获得。之后根据设定的边界条件，指定 ghost cell 网格点的值（图 6.1.1 中表示基于 no-slip 条件的风速向量）。用于插值的流体网格的选择、对称点的识别及物体界面的识别有自由性，还提出了对移动边界有亲和性的方法[142]。Cut-cell 法[143] 在离散化的基础方程中，通过多项式插值来考虑边界所切割的网格区域对通量和梯度产生的影响。在图 6.1.1（b）中，受物体边界影响的通量由黑框箭头表示。例如，在求解点 P 的离散化方程时，除了通常计算的通量（灰框箭头）之外，还需要 f、f' 和 g。f 通过 2 个物体边界点和 4 个流体网格点（包含在点划线中的△和◎）插值求出，从而考虑边界的影响。物体界面处的梯度通量（图中 g）也通过类似的处理按 x，y 方向分别插值并合成。这里给出的例子是二维空间的二阶精度插值方法，但是在三维中也可以应用这些方法并推导对应算式。

很多浸没边界法的算法复杂，很难在通用代码中独立实现。作为简易方法，有一种类似于植被冠层模型的方法[144]。障碍物界面的阻力可表示为式（6.1.26）。

$$F=-\frac{1}{2}C_{d}A(\boldsymbol{x})|\boldsymbol{u}(\boldsymbol{x})|\boldsymbol{u}(\boldsymbol{x})$$

（6.1.26）

上式中 $A(\boldsymbol{x})$ 表示地点 $\boldsymbol{x}$ 朝向风向的投影面积。这里地形高度用 $h(\boldsymbol{x})$ 表示，水平 x，y 两个方向的投影面积用 $\Delta y(\Delta x \cdot \partial h(\boldsymbol{x})/\partial x)$，$\Delta x(\Delta y \cdot \partial h(\boldsymbol{x})/\partial y)$ 表示。设定建筑物的阻力系数 C_{d} 为 2[145]，将上述公式除以网格的检查体积 $\Delta x \Delta y \Delta z$，可得到式（6.1.27）。

$$F=-\frac{\boldsymbol{u}(\boldsymbol{x})}{\Delta z}\{\boldsymbol{u}(\boldsymbol{x}) \cdot \nabla h(\boldsymbol{x})\}$$

（6.1.27）

这里，添加将阻力仅作用于流体撞击壁面的方向条件的斜坡函数，上式可变为式（6.1.28）。

$$F=-\frac{\boldsymbol{u}(\boldsymbol{x})}{\Delta z}R(\boldsymbol{u}(\boldsymbol{x}) \cdot \nabla h(\boldsymbol{x}))$$

$$R(\boldsymbol{x})=\begin{cases}x, & \text{if } x>0 \\ 0, & \text{otherwise}\end{cases}$$

（6.1.28）

由于本方法不是严密设定边界面的浸没边界法，而是源自垂直方向网格分辨率不够时的简易设定法，所以在壁面附近的机理有争议。但是在使用粗糙体块模拟粗糙度边界层的空间平均风速分布方面具有很高的再现性。

6.2 流入与流出边界条件

6.2.1 流入边界条件

（1）平均风速

使用 RANS 模型时，将基于实验值和观测值的平均风速分布作为流入边界给出。将主流风向（主要风向）设为 x_1 方向，则流入平均风速的垂直分布 $\langle u_1(x_3) \rangle$ 多由式（6.2.1）所示的幂法则给出[146]。

$$\langle u_1(x_3) \rangle = \langle u_s \rangle \left(\frac{x_3}{(x_3)_s}\right)^{\alpha}$$

（6.2.1）

其中，$\langle u_s \rangle$：基准参考高度 $(x_3)_s$ 处的平均风速，α：幂指数，例如低层建筑物密集地区或者中层建筑散布地区（粗糙度分类Ⅲ级）幂指数 $\alpha=0.2$，以中层建筑为主的城镇（粗糙度分类Ⅳ级）幂指数 $\alpha=0.27$。

另外，在模拟大气边界层时，有时也应用根据粗糙度分类对应粗糙度长度 z_0 的 z_0 型对数法则[66]，如式（6.2.2）。

$$\langle u_1(x_3) \rangle = \frac{u_*}{\kappa} \ln\left(\frac{x_3}{z_0}\right) \tag{6.2.2}$$

关于 u_* 只需将 $(x_3)_s$ 和 $\langle u_s \rangle$ 代入式（6.2.2）中给出即可。

使用 LES 时则需要在流入边界处给出脉动的值。这种处理方式是进行 LES 时最困难的问题之一，多年来积累了许多关于 LES 的流入边界条件生成方法的研究。该部分将在第 6.3 节详述。

（2）湍流动能和耗散率

在使用 k-ε 模型时，也需要给出 k 和 ε 的流入边界条件。对于流入边界条件 k 的垂直分布 $k(x_3)$，也和风速一样参考实验和观测结果给定。

例如，以城市气流为对象时，若参考日本建筑学会建筑物荷载指南[146]的湍流强度 $I(x_3)$ 的垂直分布式（6.2.3），则 $k(x_3)$ 可以按如下的式（6.2.4）给出。

$$I(x_3) = \frac{\sigma_1(x_3)}{\langle u(x_3) \rangle} = 0.1\left(\frac{x_3}{(x_3)_G}\right)^{-\alpha-0.05} \tag{6.2.3}$$

$$k(x_3) = \frac{\sigma_1^2(x_3) + \sigma_2^2(x_3) + \sigma_3^2(x_3)}{2} \sim \sigma_1^2(x_3) = (I(x_3)\langle u_1(x_3)\rangle)^2 \tag{6.2.4}$$

其中，$(x_3)_G$：高空风高度 [m]（荷载指南中的 z_G），σ_1：风速 u_i 的标准偏差。

作为流入边界条件的耗散率 ε 的垂直分布 $\varepsilon(x_3)$，从湍流动能 k 的生产和耗散相平衡的局部平衡假设出发，通常由式（6.2.5）给出。

$$\varepsilon(x_3) = P_k(x_3) = -\langle u_1' u_3' \rangle(x_3) \frac{\partial \langle u_1(x_3) \rangle}{\partial x_3} = C_\mu^{1/2} k(x_3) \frac{\partial \langle u_1(x_3) \rangle}{\partial x_3} \tag{6.2.5}$$

举个例子，如果垂直风速分布可以用指数 α 的幂法则 [式（6.2.1）]表示，则 ε 如式（6.2.6）所示。

$$\varepsilon(x_3) = C_\mu^{1/2} k(x_3) \frac{\langle u_s \rangle}{(x_3)_s} \alpha\left(\frac{x_3}{(x_3)_s}\right)^{\alpha-1} \tag{6.2.6}$$

需要注意的是，如果流入边界的 k 和 ε 给出不合理的值，风速分布的预测结果会产生不可忽视的误差。

另外，流入风条件应用 z_0 型对数法则时，根据湍流动能和耗散率的局部平衡，适用固定通量及对数法则，给出式（6.2.7）和式（6.2.8）。

$$k(x_3) = \frac{u_*^2}{\sqrt{C_\mu}} \tag{6.2.7}$$

$$\varepsilon\left(x_3\right)=\frac{u_*^3}{\kappa x_3} \tag{6.2.8}$$

6.2.2　流出边界条件

在流出边界中，有设置速度边界条件或压力边界条件的情况。在以 k-ε 模型为首的 RANS 模型中，速度边界条件通常设置为流出面法线方向的梯度为零。另外，压力边界条件有各种各样，如压力梯度为零、压力的二阶微分为零等。不过，在使用压力边界条件时，辅助地还需要切线方向的速度边界条件。压力边界条件一般比速度边界条件更容易不稳定，因此使用较少。

作为 LES 的流出边界，除使用梯度为零的条件外，还可使用式（6.2.9）所示的称为对流型边界的边界条件。

$$\frac{\partial \overline{u}_i}{\partial t}+U_c\,\frac{\partial \overline{u}_i}{\partial x_{n\text{Out}}}=0 \tag{6.2.9}$$

上式中，$x_{n\text{Out}}$：相对于流出边界面的法线方向坐标 [m]，U_c：对流速度 [m/s]。关于对流速度 U_c 的值，多采用流入截面的平均速度。不过，在对流型边界中，有时无法实现进出面的流量平衡，因此有时需要另外采取确保流量平衡的操作。

6.3　LES 的流入脉动风生成方法

在 RANS 模型的流入边界中，通常会根据对应于对象街区粗糙度分类的气流分布和风洞实验值，给出平均速度、湍流动能、耗散率的垂直方向分布。而 LES 则需要在流入边界给予每时每刻的风速脉动。但脉动变动并不是随意给出的，其平均速度分布和湍流动能分布必须再现目标接近流的特性。实现这一目标的方法大致分为利用随机数生成流入边界面脉动风的方法 [147-156] 和通过流体计算求出流入脉动风本身的方法 [2, 157-164] 两种。这些方法之间也有一些比较 [165]。

6.3.1　通过随机数生成脉动风的方法

利用随机数生成脉动风的方法（图 6.3.1）大致可分为三种。即，以波数或频域中的频谱形状为目标以随机数为基础产生脉动的方法 [147-149]、为了满足目标的雷诺应力和自相关与互相关在时间空间中以随机数为基础生成脉动的方法 [150-153]，以及配置涡点的方法 [154-156]。

（1）以频谱形状为目标的方法

本方法主要有：以波数域的三维能量谱为目标的生成方法 [147]、以频域的功率谱及交叉谱为目标的生成方法 [148、149] 等。

饭冢等人 [147] 以各向同性湍流中的二维棱柱周边流动为对象，使用了以波数域的三维能量谱为目标的生成方法。这种情况下，生成变化风时可以设定连续条件，在 LES 的各个时间步

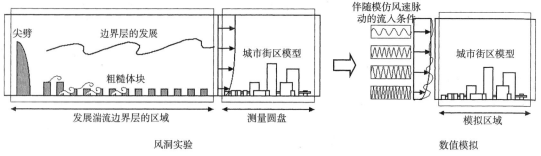

图 6.3.1　根据随机数生成脉动风的情况

骤中可以依次生成脉动风，因此具有计算负荷小的优点。但是，对于在边界层湍流中如何给出三维能量谱，还没有完全解决。

另外，近藤等人[148]为了在频域中生成流入脉动风，用式（6.3.1）给出了流入边界平面中点 l 处的脉动速度向量 $u(l, t)$ [166]。

$$u(l, t) = \sum_{n=1}^{N} \sum_{p=1}^{l} [a_{lp}(\omega_n) \cos\{\omega_n t + \varphi_{lp}(\omega_n)\} + b_{lp}(\omega_n) \sin\{\omega_n t + \varphi_{lp}(\omega_n)\}]$$

$$a_{lp}(\omega_n) = \sqrt{2\Delta\omega_n} |H_{lp}(\omega_n)| \xi_p(\omega_n)$$

$$b_{lp}(\omega_n) = \sqrt{2\Delta\omega_n} |H_{lp}(\omega_n)| \eta_p(\omega_n)$$

$$S(\omega_n) = H(\omega_n) H^{*T}(\omega_n)$$

$$= \begin{bmatrix} H_{11}(\omega_n) & & \\ \vdots & \ddots & \\ H_{M1}(\omega_n) & \cdots & H_{MM}(\omega_n) \end{bmatrix} \begin{bmatrix} H_{11}^{*}(\omega_n) & \cdots & H_{M1}^{*}(\omega_n) \\ & \ddots & \vdots \\ & & H_{MM}^{*}(\omega_n) \end{bmatrix}$$

$$\varphi_{lp}(\omega_n) = \tan^{-1}\left\{ -\frac{\text{Imag}(H_{lp}(\omega_n))}{\text{Real}(H_{lp}(\omega_n))} \right\}$$

（6.3.1）

其中，l、p 是流入边界面的网格点编号（$l=1, \cdots, M$, $p=1, \cdots, l$），M 是同时产生脉动风的网格点数量，N 是频率刻度数，$\xi_p(\omega_n)$、$\eta_p(\omega_n)$ 是角频率 ω_n 上相互独立且平均值为 0、标准差为 1 的正规随机数。从交叉频谱矩阵 $S(\omega_n)$ 求出其下方三角矩阵 $H(\omega_n)$，计算傅立叶系数 $a_{lp}(\omega_n)$ 及 $b_{lp}(\omega_n)$。H^* 是 H 的复共轭。此外，相位 $\varphi_{lp}(\omega_n)$ 可根据下方三角矩阵的实数部分（Real）和虚数部分（Imag）来确定。但是，若各网格点的风速生成均使用所有点的信息，计算量将非常庞大。因此，近藤等人利用相隔较远的 2 个点相关性较小的特性，提出从相隔较远的点群开始依次生成的逐次法。也就是说，首先在二维截面中产生最大矩形的 4 个端点开始生成变化波形。然后将傅里叶系数作为已知，将矩形分割成 4 个部分的 5 个点（矩形内一点，各边四点）上再生成变化波形。再进一步将分割出的每个矩形用 5 个点再次重复分割，就可以形成嵌套的波形，从而缩减少计算时间。此外，基于光滑面边界层流动的风洞实验结果，对湍流边界层内的功率谱、根相干性和相位进行建模。

盛川、丸山[149]展示了通过铺设粗糙体块的风洞实验测定脉动风的波形，并将测定值作为边界条件输入的方法。与近藤等人一样，其对功率谱、根相干性、相位进行建模后，以测量波形为基准，依次生成邻近网格点上的波形。

像这样在频域生成时，为了使脉动风具有物理流场的结构，需要根据测量或实验结果给出根相干性、相位等高阶统计量。另外，实施 LES 前必须预先生成风速波形并保存。还需要注意的是，生成的脉动风无法直接满足连续性条件。

（2）以雷诺应力和时空相关为目标的方法

Xie and Castro[151]关注作为流入脉动风特征量的时间相关函数和空间相关函数，提出了利用数字滤波器生成具有预先设定的相关性和雷诺应力的脉动的方法。目标空间相关函数的形状设定如式（6.3.2）。

$$R(d) = \exp\left(-\frac{\pi d}{2\lambda}\right) \qquad (6.3.2)$$

其中的 d 是相对距离，λ 表示长度尺度，在跨度方向和壁面法线方向考虑各向异性设定（各方向为 λ_y，λ_z）。在流入面网格上设置平均值和互相关为 0、方差为 1 的二维随机数阵列 r_{ml}，如式（6.3.3）。

$$\overline{r_{ml}} = 0;\ \overline{r_{ml} r_{ml}} = 1;\ \overline{r_{ml} r_{m'l'}} = 0; \\ 1 \leq m,\ m' \leq M_j,\ 1 \leq l,\ l' \leq M_k,\ m \neq m',\ l \neq l' \qquad (6.3.3)$$

上式中，m，l 和 m'，l' 表示由 $M_j \times M_k$ 的元素构成的流入面网格的任意点指示值，离散间隔为 Δy，Δz。上划线表示与生成随机数样本相关的平均值。对该随机数组进行数字过滤，生成具有特定相关性的二维序列脉动 $\varphi_{t,j,k}$，如式（6.3.4）。

$$\varphi_{t,j,k} = \sum_{k'=-N_z}^{N_z} \sum_{j'=-N_y}^{N_y} = b_{j'k'} r_{j+j'k+k'}; \qquad (6.3.4)$$

$$N_y \geq 2n_y,\ N_z \geq 2n_z,\ n_y \Delta y = \lambda_y,\ n_z \Delta z = \lambda_z$$

其中，j，k 是流入面上的网格点位置，t 是时间。b_{jk} 表示二维滤波函数 $b_{jk} = b_j b_k$，式（6.3.4）的右侧是根据卷积和的结果进行滤波。满足目的的空间滤波器可以近似地导出如式（6.3.5）和式（6.3.6）[151]。

$$b_k = \exp\left(-\frac{\pi|k|}{n_z}\right) \bigg/ \left\{ \sum_{j=-N_y}^{N_y} \left[\exp\left(-\frac{\pi|j|}{n_y}\right) \right]^2 \right\}^{-1/2} \qquad (6.3.5)$$

$$\psi_{m,t+\Delta t,j,k} = \psi_{m,t,j,k} \exp\left(-\frac{\pi \Delta t}{2T_L}\right) + \varphi_{m,t+\Delta t,j,k} \left[1 - \exp\left(-\frac{\pi \Delta t}{2T_L}\right)\right]^{1/2} \qquad (6.3.6)$$

其中 Δt 是时间差分间隔。通过对以上得到的二维数组进行乔里斯基分解，就可以得到风

速脉动分量 u_i'。即如式（6.3.7）所示。

$$u_i' = a_{im} \psi_m \tag{6.3.7}$$

其中 a_{im} 是雷诺应力的乔里斯基分解成分[157]，如式（6.3.8）所示。

$$a_{im} = \begin{bmatrix} \sqrt{R_{11}} & 0 & 0 \\ R_{21}/a_{11} & \sqrt{R_{22} - a^2_{21}} & 0 \\ R_{31}/a_{11} & (R_{32} - a_{21}a_{31})/a_{22} & \sqrt{R_{33} - a^2_{31} - a^2_{32}} \end{bmatrix} \tag{6.3.8}$$

上式中，R_{ij} 是目标雷诺应力。将得到的脉动分量加到平均风速分量中就可生成瞬时风速。该方法改进了 Klein 等人[152] 使用的三维数据集的方法，只要在每个时刻创建一次 ψ 并保存即可，因此效率很高。有研究将这种方法应用于标量脉动，生成了与浓度场和温度场耦合的流入风[153]。

（3）配置涡点的方法

Jarrin 等[154] 提出了一种方法，将脉动风表示为以拉格朗日方式通过随机放置的涡点的组合。这种方法需要平均风速、雷诺应力分布、积分长度尺度等条件。在包含流入边界网格点 x 的体积 V_B 中配置 N 个涡点，使用以网格点与涡点间距离为变量的涡点脉动速度函数 $f_{\sigma(x)}(x - x^k)$，累加各个涡点的影响而生成脉动风，如式（6.3.9）所示。

$$u_i = U_i + \frac{1}{\sqrt{N}} \sum_{k=1}^{N} + a_{ij} \varepsilon_j^k f_{\sigma(x)}(x - x^k) \tag{6.3.9}$$

其中，u_i 表示所求的瞬时风速，U_i 表示给定的平均风速，a_{ij} 表示通过雷诺应力的乔里斯基分解得到的下三角矩阵成分，ε_j^k 表示随机符号，σ 表示湍流的特征长度，$x^k = (x^k, y^k, z^k)$ 表示第 k 个涡点的位置。N 的设定如式（6.3.10）所示生成目标分布。

$$N = \max(V_B/\sigma^3) \tag{6.3.10}$$

涡点设定为不断进出，在体积 V_B 中恒为 N 个。因此，设涡点以一定的平均速度 U_c 对流，根据计算的时间间隔 Δt，有 $x^k(t + \Delta t) = x^k(t) + U_c \Delta t$。脉动速度函数为式（6.3.11）所示。

$$f_{\sigma(x)}(x - x^k) = \frac{\sqrt{V_B}}{\sigma^3} f\left(\frac{x - x^k}{\sigma}\right) f\left(\frac{y - y^k}{\sigma}\right) f\left(\frac{z - z^k}{\sigma}\right);$$

$$f(x) = \begin{cases} \sqrt{\dfrac{3}{2}}(1 - |x|), & \text{if } x < 1 \\ \\ 0, & \text{otherwise} \end{cases} \tag{6.3.11}$$

这种方法的缺点是得到的脉动风不满足连续性方程。针对这一缺点，Poletto 等[156] 应用 Jarrin 等[154] 的方法，通过规定配置涡点的涡度，提出了既满足连续性方程，又考虑湍流场各向异性的脉动风产生方法。

6.3.2 通过流体模拟求流入脉动风的方法

通过流体模拟求流入脉动风的方法中，最容易理解的是和风洞实验一样，在对象区域的上风向侧设置足够长的计算区域（用于边界层流发展的助跑区间），直接用 LES 模拟求得接近流。近年来，随着计算资源的增加，在计算领域内模拟风洞实验中设置的粗糙体块和尖劈等的案例也开始出现。但是，实施全助跑区间的模拟，由于计算负荷大而经常难以实现。因此，常将助跑区间作为单独的驱动部来模拟，生成规定的边界层流（图 6.3.2）。

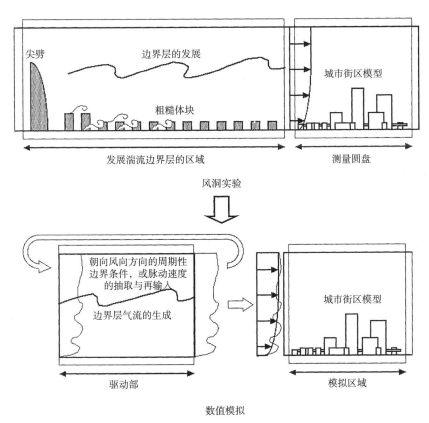

图 6.3.2 通过流体模拟求流入脉动风的情况

持田等[2] 在计算立方体周边气流时，报告了事先作为驱动部的方腔通道内流动的计算，并将其结果用作流入条件的案例。片冈等[158] 也同样在驱动部进行了方腔通道内流动的计算，作为计算长方形棱柱周边流动的流入边界条件。不过片冈等只在通道地面采用 no-slip，顶部则采用 free-slip 条件。另外，通过使用区域分割法，可同时计算驱动部内的流动和棱柱周边的流动。但是，在上述任何一个案例中，方腔通道的地面都作为光滑面处理。野津等[159] 在通道地面上设置了粗糙体块，将生成的气流分布与光滑面的情况进行比较。该研究结果显示，由于粗糙体块的阻力，地板附近的速度缺损明显，同时湍流也增强。

这些方法中，根据网格分辨率再现流动具有的物理涡结构。因此，不需要像以随机数为基础生成脉动风速的方法那样，需要接近流的高阶统计量。但驱动部的流体计算结果未必与目标风速的平均值及脉动一致。另外，边界层厚度由计算区域的高度确定。因此，如何使计算结果与目标值一致是本方法的主要问题。

（1）Lund 等的生成方法

Lund 等 [157] 实施了以光滑面上湍流边界层的发展为对象的 LES，提出了在驱动部内生成具有特定边界层厚度的流入脉动风作为流入边界条件的方法（图 6.3.2）。在生成时，将驱动部提取断面的速度分离为平均速度和脉动分量，分别根据边界层厚度的发展进行缩尺变换（rescale）后重新返回驱动部入口（reintroduce），设置了不规则的周期边界条件。在这种情况下，平均速度分布和风速脉动是顺势产生的，但至少在驱动部的流入边界中规定了边界层厚度，并且在将其用作流入边界条件的计算中，对于边界层厚度的发展做出了精确的预测。Lund 等人的方法概要如下。

首先，设主流方向为 x 方向，跨度方向为 y 方向，高度方向为 z 方向，按此顺序对应于 x_i（$i=1$，2，3）。将各方向的瞬时风速设为 u，v，w 或 u_i（$i=1$，2，3）。设瞬时速度向量为 u_i（x，y，z，t），其时间及跨度方向平均值为 $\langle u_i \rangle$，脉动成分为 u_i'，则式（6.3.12）成立。

$$u_i\,(x,\ y,\ z,\ t) = \langle u_i \rangle\,(x,\ z) + u_i'\,(x,\ y,\ z,\ t) \tag{6.3.12}$$

其次，将边界层内主流方向的平均速度分量的分布分为遵循壁面法则的内部区域（上标 inner）和遵循速度亏损律的外部区域（上标 outer）两个区域。例如，u 的平均速度分布近似如式（6.3.13）。

$$\langle u \rangle^{\,inner}\,(x,\ z) = u_*\,(x)\,f\,(z^+);\ z^+ = u_* z/v$$
$$\langle u \rangle_\infty - \langle u \rangle^{\,outer}\,(x,\ z) = u_*\,(x)\,g\,(\eta);\ \eta = z/\delta\,(x) \tag{6.3.13}$$

其中 $\langle u \rangle_\infty$ 是边界层外的速度，u_* 是壁面摩擦速度，δ 是边界层厚度。

在驱动部的流入断面（下标 inlt）与提取脉动速度的驱动部出口附近的 y–z 断面（下标 recy）之间，例如关于内部区域的平均流速分布有式（6.3.14）成立。其中 z^+_{inlt} 是流入断面网格点位置处的壁面坐标 z^+ 的值。

$$\langle u \rangle^{\,inner}_{inlt}\,(z) = \frac{u_{*inlt}}{u_{*recy}}\,\langle u \rangle^{\,inner}_{recy}\,(z^+_{inlt})$$
$$\langle v \rangle^{\,inner}_{inlt}\,(z) = \langle v \rangle^{\,inner}_{recy}\,(z^+_{inlt}) = 0 \tag{6.3.14}$$
$$\langle w \rangle^{\,inner}_{inlt}\,(z) = \langle w \rangle^{\,inner}_{recy}\,(z^+_{inlt})$$

假设各脉动分量的分布形状在流入断面和提取断面之间似形，则有式（6.3.15）成立。

$$u'^{\,inner}_{inlt}\,(y,\ z,\ t) = \gamma u'^{\,inner}_{recy}\,(y,\ z^+_{inlt},\ t);\ \gamma = \frac{u_{*inlt}}{u_{*recy}} \tag{6.3.15}$$

这里展示的是基于壁面法则的内部区域缩尺变换处理，外部域则进行基于 η 的缩尺变换。其比率 γ 与式（6.3.15）相同，为流入断面与抽取断面的摩擦速度之比。通过以上步骤，就可将流入面的平均速度和速度脉动分量以内部区域和外部区域的尺度进行归一化，形成两种数据。在流入部分将这两个数据集平滑连接，成为时间序列数据。作为此时使用的平滑函数，提出了以外部区域的尺度为基础的函数。

在该方法中，根据边界层厚度的发展设定了驱动器顶面的流出速度，以避免在驱动部的内部产生压力梯度。另外，即使在同一 x–y 平面上，由于壁面坐标的值不同，所以从提取截面向流入截面返回值时需要在网格点之间进行插值。流入面的 u_{*inlt} 和边界层厚度 δ_{inlt} 需要人工指定，尽管在出口附近都是通过时间平均取得。Lund 等 [157] 在流入面给出 δ_{inlt} 作为设定值，根据动量厚度 θ 和适用于圆管的布拉修斯公式，用式（6.3.16）计算出式（6.3.15）所需的摩擦速度比率 γ。

$$\gamma = \frac{u_{*inlt}}{u_{*recy}} = \left(\frac{\theta_{recy}}{\theta_{inlt}}\right)^{1/2\,(n-1)} \quad ; \quad n=5 \tag{6.3.16}$$

（2）片冈等针对 Lund 等的简化方法

片冈等人 [160] 认为驱动部内的壁面摩擦速度 u_* 以及边界层厚度 δ 的变化可以忽略不计，因此将 Lund 等人的方法简化如式（6.3.17）。

$$u_{inlt}(y, z, t) = \langle u \rangle_{inlt}(z) + \phi(\eta)\{u_{recy}(y, z, t) - \langle u \rangle_{recy}(y, z)\}$$
$$v_{inlt}(y, z, t) = \phi(\eta) v_{recy}(y, z, t) \tag{6.3.17}$$
$$w_{inlt}(y, z, t) = \phi(\eta)\{w_{recy}(y, z, t) - \langle w \rangle_{recy}(y, z)\}$$

或者，使用驱动部各时刻的 x–y 断面平均值 $[u]$ 以及 $[w]$ 代替提取断面的平均值，则得到式（6.3.18）。

$$u_{inlt}(y, z, t) = \langle u \rangle_{inlt}(z) + \phi(\eta)\{u_{recy}(y, z, t) - \langle u \rangle(z, t)\}$$
$$v_{inlt}(y, z, t) = \phi(\eta) v_{recy}(y, z, t) \tag{6.3.18}$$
$$w_{inlt}(y, z, t) = \phi(\eta)\{w_{recy}(y, z, t) - \langle w \rangle(z, t)\}$$

根据壁面摩擦速度和边界层厚度不发生变化的假设，可以将提取断面上的速度脉动用于流入断面，而无须在网格点之间插值。不过，即使在假设壁面摩擦速度和边界层厚度不变的情况下进行计算，实际上驱动部内部也不可避免地会产生平均速度分布的变化。为了防止风速脉动传到边界层外侧，如式（6.3.18）所示，将流出边界的脉动分量乘以式（6.3.19）求出的衰减函数 $\phi(\eta)$。

$$\phi(\eta) = \frac{1}{2}\left\{1 - \tanh\left[\frac{8.0\,(\eta-0.8)}{-0.6\eta+0.8}\right]/\tanh(8.0)\right\} \tag{6.3.19}$$

这种简化的最大优点在于可以预先规定驱动部流入的平均速度分布 $\langle u \rangle_{inlt}(z)$。也就是说，通过代入风洞实验中使用的速度分布，就可以生成相应湍流边界层的流入边界条件。

（3）野泽等使用粗糙体块的方法

野泽等人 [161] 在以低层建筑为对象进行数值模拟时使用了片冈等人的方法，结果显示建筑正面和屋顶面的脉动风压比实验结果小，发现用该方法生成流入边界条件中地面附近的脉动风速不足。因此，他们采用 Lund 等人的方法，并实施了在驱动部地面上放置粗糙体块的计算 [162]，得到了与既往实验结果和脉动风压吻合较好的结果。

但是，在粗糙面上发展的边界层，在对数法则区域中的风速 $\langle u \rangle /u_*$ 相较于在平滑面上形成的风速减少了 $\Delta \langle u \rangle /u_*$。该速度减小量 $\Delta \langle u \rangle /u_*$ 与通过地面摩擦速度 u_* 将粗糙度高度 h 无量纲化而得到的粗糙度雷数 $h^+ = hu_*/v$ 之间存在一定关系[167]。另外，粗糙度长度 z_0 和粗糙度高度 h 之比 z_0/h 与粗糙度密度 λ（主流方向上粗糙体块的投影面积除以每个粗糙体块占有的面积得到的值）之间也存在一定的关系。野泽等人的粗糙体块模拟结果正确地再现了这些关系。Lund 等人的方法应用在粗糙表面中存在的问题是参数估计所需的动量厚度 θ 与摩擦速度的关系式 [式（6.3.16）]。在粗糙面上进行同样的估计时，需要转变为平滑面布拉修斯公式的推断式。野泽等人则应用卡门积分方程和普朗特－尼古拉兹的等效砂粒形状和吹走距离的关系式推导出该关系。另外，Yang 等人[163]基于同样的概念，提出使用普朗特－尼古拉兹关系式和粗糙度形态固有的特征长度尺度的方法。野泽等人的方法需要估计从粗糙面起始点开始的假想下游位置，而 Yang 等人的方法则以粗糙度所具有的特征长度为参数，可更加简单地实现。

6.4　侧面及高空边界条件

在城市街区气流模拟中，通常外围都是流入面或流出面。因此当高空边界和主流方向与网格方向一致时，侧面边界可处理为被视为自由空间。

当模拟区域足够宽阔时，边界面的法线方向速度设为零，切线方向速度梯度设为零，即使用 slip 壁面条件（或对称条件）时计算较为稳定。LES 中有时为了减小边界条件对主流正交方向上产生的非稳定气流的影响，也可在侧面边界上应用周期边界条件。

6.5　关于热的边界条件

6.5.1　RANS 模型中的壁面边界条件

（1）绝热条件

根据傅立叶定律，壁面热通量 $\langle q_w \rangle$ 由式（6.5.1）给出。

$$\frac{\langle q_w \rangle}{\rho C_p} = -a \frac{\partial \langle \theta \rangle}{\partial x_n}\bigg|_{\text{wall}} \qquad (6.5.1)$$

其中，x_n 为壁面法线方向坐标 [m]，C_p 为定压比热容 [J/kgK]，a 为温度扩散系数 [m^2/s]。在绝热条件下，$\langle q_w \rangle = 0$，为使壁面法线方向的热通量为零，采用式（6.5.2）。

$$\langle \theta_w \rangle = \langle \theta_p \rangle \qquad (6.5.2)$$

其中，$\langle \theta_w \rangle$ 为固体壁面温度，$\langle \theta_p \rangle$ 为离壁第 1 层网格温度。

（2）热传导定律（linear law）

在式（6.5.1）中，离壁第 1 层网格定义位置的坐标为 x_p，则壁面热通量 $\langle q_w \rangle$ 由式（6.5.3）给出。

$$\frac{\langle q_{\mathrm{w}}\rangle}{\rho C_{\mathrm{p}}}=a\frac{\langle\theta_{\mathrm{w}}\rangle-\langle\theta_{\mathrm{p}}\rangle}{x_{\mathrm{p}}} \tag{6.5.3}$$

在这种情况下，为了使第 1 层网格的坐标 x_{p} 位于热传导层内，必须进行足够细致的网格划分。假设黏性底层高度为 x^{+}_{linear}，该热传导层高度 x^{+}_{therm} 可作为普朗特数 Pr 的函数，大致可推算为 $x^{+}_{\mathrm{therm}}\sim x^{+}_{\mathrm{linear}}\mathrm{Pr}^{-1/3[168]}$。当空气为对象时，Pr~0.7，$x^{+}_{\mathrm{therm}}\sim1.13x^{+}_{\mathrm{linear}}$。因此只要在黏性底层设置计算网格，壁面热通量就能根据热传导定律适当地再现。但是，当模拟包含黏性底层和热传导层时，需要应用低雷诺数型 k-ε 模型等能够适当再现壁面低雷诺数流动的湍流模型。

（3）壁面函数（wall function）

当墙壁附近不能做到足够精细的网格划分时，与流场一样，墙壁与离壁第 1 层网格之间通过壁面函数进行连接。

①光滑面对数法则（log law）

壁面附近的温度分布适用式（6.5.4）所示的对数法则。

$$\frac{\langle\theta_{\mathrm{w}}\rangle-\langle\theta_{\mathrm{p}}\rangle}{\langle q_{\mathrm{w}}\rangle/\rho C_{\mathrm{p}}/(\langle\tau_{\mathrm{w}}\rangle/\rho)^{1/2}}=\mathrm{Pr}_{t}\left(\frac{1}{\kappa}\ln\left(Ex_{\mathrm{p}}^{+}\right)+P\right)=\frac{\mathrm{Pr}_{t}}{\kappa}\ln\left(E_{\theta}x_{\mathrm{p}}^{+}\right) \tag{6.5.4}$$

与速度分布曲线的梯度差异通过湍流普朗特数 Pr_{t} 体现。另外，根据黏性底层和热传导层的高度差异，温度对数曲线可通过对速度对数曲线基于参数 P 进行平移的形式得到。有时也将参数 P 包含在经验系数中，记作 $E_{\theta}=E\mathrm{exp}\left(\kappa P\right)$。

参数 P 有基于各种假设的理论式和实验经验式，作为湍流普朗特数 Pr_{t} 和普朗特数 Pr 的函数，式（6.5.5）的 Jayatilleke[169] 和式（6.5.6）的 Spalding[132] 给出的实验经验公式采用较多。

$$P=9.24\left(\left(\frac{\mathrm{Pr}}{\mathrm{Pr}_{t}}\right)-1\right)\left(1+0.28\mathrm{exp}\left(-0.007\left(\frac{\mathrm{Pr}}{\mathrm{Pr}_{t}}\right)\right)\right) \tag{6.5.5}$$

$$P=9.24\left(\left(\frac{\mathrm{Pr}}{\mathrm{Pr}_{t}}\right)^{3/4}-\left(\frac{\mathrm{Pr}}{\mathrm{Pr}_{t}}\right)^{1/4}\right) \tag{6.5.6}$$

另外，当假设室外常温常压空气时，普朗特数约为 Pr=0.71。假设湍流普朗特数为 Pr_{t}=0.9，应用光滑面圆管流的对数定律（A=9.0，κ=0.4），实验常数大致为 E_{θ}=4.9。

②光滑面广义对数定律

在对速度使用广义对数定律时，对热也使用式（6.5.7）所示的广义对数定律。

$$\frac{\langle\theta_{\mathrm{w}}\rangle-\langle\theta_{\mathrm{p}}\rangle}{\langle q_{\mathrm{w}}\rangle/\rho C_{\mathrm{p}}/(\langle\tau_{\mathrm{w}}\rangle/\rho)^{1/2}}\frac{(C_{\mu}^{1/2}k_{\mathrm{p}})^{1/2}}{(\langle\tau_{\mathrm{w}}\rangle/\rho)^{1/2}}=\mathrm{Pr}_{t}\left(\frac{1}{\kappa}\ln\left(\frac{Ex_{\mathrm{p}}\left(C_{\mu}^{1/2}k_{\mathrm{p}}\right)^{1/2}}{v}\right)+P\right) \tag{6.5.7}$$

③粗糙面对数法则

模仿光滑面对数定律，使用湍流普朗特数 Pr_{t} 变化梯度，并根据参数 P_{s} 平移速度的粗糙面对数定律，得到温度分布，如式（6.5.8）。

$$\frac{\langle \theta_\mathrm{w} \rangle - \langle \theta_\mathrm{p} \rangle}{\langle q_\mathrm{w} \rangle /\rho C_\mathrm{p} / \left(\langle \tau_\mathrm{w} \rangle /\rho \right)^{1/2}} = \mathrm{Pr_t} \left(\frac{1}{\kappa} \ln \left(\frac{E_\mathrm{s} x_\mathrm{p}}{k_\mathrm{s}} \right) + P_\mathrm{s} \right) = \frac{\mathrm{Pr_t}}{k_\mathrm{s}} \ln \left(\frac{E_{\mathrm{s}\theta} x_\mathrm{p}}{k_\mathrm{s}} \right) \tag{6.5.8}$$

其中，$E_{\mathrm{s}\theta}=\exp\left(\kappa P_\mathrm{s}\right)$。由于热传导层中的热移动过程依赖于分子扩散，无论雷诺数多大，温度曲线也取决于雷诺数。因此，参数 P_s 设置为包含粗糙度雷诺数 k_s^+ 的函数。例如，从许多实验结果得出的参数 P_s 的推断模型如式（6.5.9）所示 [170, 171]。式中 C_1，C_2，α，β 是实验常数。

$$P_\mathrm{s}=C_1 k_\mathrm{s}^{+\alpha} \mathrm{Pr}^\beta - C_2 \tag{6.5.9}$$

此外，也有以热粗糙度长度 z_θ 为参数，用粗糙面对数法则来表现表面凹凸效果的情况，如式（6.5.10）。

$$\frac{\langle \theta_\mathrm{w} \rangle - \langle \theta_\mathrm{p} \rangle}{\langle q_\mathrm{w} \rangle /\rho C_\mathrm{p} / \left(\langle \tau_\mathrm{w} \rangle /\rho \right)^{1/2}} = \frac{\mathrm{Pr_t}}{\kappa} \ln \left(\frac{x_\mathrm{p}}{z_\theta} \right) \tag{6.5.10}$$

此时，粗糙度长度 z_0 和热粗糙度长度 z_θ 用 P_s 表现为式（6.5.11），因此可得到 $z_\theta=z_0\exp\left(-\kappa P_\mathrm{s}\right)$ 的关系。

$$\frac{\langle \theta_\mathrm{w} \rangle - \langle \theta_\mathrm{p} \rangle}{\langle q_\mathrm{w} \rangle /\rho C_\mathrm{p} / \left(\langle \tau_\mathrm{w} \rangle /\rho \right)^{1/2}\mathrm{Pr_t}} - \frac{\langle u_\mathrm{p} \rangle}{\left(\langle \tau_\mathrm{w} \rangle /\rho \right)^{1/2}} = \frac{1}{\kappa} \ln \left(\frac{z_0}{z_\theta} \right) = P_\mathrm{s} \tag{6.5.11}$$

与光滑面不同，像低层建筑这样的钝体上的粗糙面边界层中，参数 P_s 中包含的实验常数根据不同文献有很大差异，目前还没有得到统一的实验常数。一个研究案例根据使用缩尺模型的立方体粗糙面的实验结果取 $C_1=8.9$，$C_2=2.0$，$\alpha=0.25$，$\beta=0.5$[172]。另外，在由植被覆盖引起的粗糙面边界层中，已知 $\kappa P_\mathrm{s}\sim2.0$[173]，从粗糙度长度可以推断出大致的热粗糙度长度 $z_\theta=z_0\exp\left(-2.0\right)\sim z_0/7.4$。

④上述以外的壁面函数

壁面函数有时也使用平滑连接热传导层和对数层的温度分布。另外，在给定壁面与离壁第 1 层网格中心（温度定义点）之间的对流传热系数 h[W/（$\mathrm{m}^2 \cdot \mathrm{k}$）] 时，或者作为对流传热系数 h 的简单模型使用尤尔盖斯公式 ① 等情况下，根据式（6.5.12）给出壁面热通量 $\langle q_\mathrm{w} \rangle$。

$$\langle q_\mathrm{w} \rangle = h \left(\langle \theta_\mathrm{w} \rangle - \langle \theta_\mathrm{p} \rangle \right) \tag{6.5.12}$$

6.5.2　LES 中的壁面边界条件

（1）绝热条件

与速度一样，对于使用较精细网格的 LES，可根据傅立叶定律给定热通量作为壁面边界条件。设壁面温度为 $\overline{\theta}_\mathrm{w}$，壁面第 1 层网格温度为 $\overline{\theta}_\mathrm{p}$，则绝热条件由式（6.5.13）给出。

$$\overline{\theta}_\mathrm{w}=\overline{\theta}_\mathrm{p} \tag{6.5.13}$$

---

① 即 Jurges' equation。——译者注

（2）热传导定律（linear law）

当壁面附近网格足够精细时，通过傅立叶定律计算热通量。壁面温度为 $\overline{\theta}_\mathrm{w}$，壁面第 1 层网格温度为 $\overline{\theta}_\mathrm{p}$，则有式（6.5.14）：

$$\frac{\overline{q}_\mathrm{w}}{\rho C_p} = a \left. \frac{\partial \overline{\theta}}{\partial x_n} \right|_\mathrm{wall} = \frac{a\left(\overline{\theta}_\mathrm{w} - \overline{\theta}_\mathrm{p}\right)}{x_\mathrm{p}} \tag{6.5.14}$$

此外如果用壁面坐标 $x_n^+ = x_n u_* / \nu$ 来表示，则如式（6.5.15）所示采用速度的线性法则乘以普朗特数 Pr。

$$\frac{\left(\overline{\theta}_\mathrm{w} - \overline{\theta}_\mathrm{p}\right)}{\overline{q}_\mathrm{w}/\rho C_p / \left(\overline{\tau}_\mathrm{w}/\rho\right)^{1/2}} = \frac{\left(\overline{\tau}_\mathrm{w}/\rho\right)^{1/2} x_\mathrm{p}}{\nu} \frac{\nu}{a} = x_\mathrm{p}^+ \mathrm{Pr} \tag{6.5.15}$$

（3）壁面函数（wall function）

为了避免模拟热传导层时随着计算网格数的增加导致计算负荷上升，也经常通过壁面函数来推断壁面热通量。和速度壁面函数一样，温度壁面函数本来是对平均值成立的普遍规律，但在实际应用中很多时候也适用于瞬时值。

这里举一个例子，根据热传导层厚度 x_therm^+ 切换线性法则和对数法则的壁面函数通过式（6.5.16）估计热通量[174]。

$$\frac{\left(\overline{\theta}_\mathrm{w} - \overline{\theta}_\mathrm{p}\right)}{\overline{q}_\mathrm{w}/\rho C_p / \left(\overline{\tau}_\mathrm{w}/\rho\right)^{1/2}} = \begin{cases} x_\mathrm{p}^+ \mathrm{Pr} & x_\mathrm{p}^+ \leqslant x_\mathrm{therm}^+ \\[2mm] \dfrac{\left(\mathrm{Pr}_\mathrm{SGS} + \mathrm{Pr}\right)}{\kappa} \ln\left(E_\theta x_\mathrm{p}^+\right) & x_\mathrm{p}^+ > x_\mathrm{therm}^+ \end{cases} \tag{6.5.16}$$

热传导层厚度可以估算为线性法则和对数法则的交点，大约是黏性底层高度的 $\mathrm{Pr}^{-1/3}$ 倍。实验常数 E_θ 用参数 P 根据 $E_\theta = E\exp\left(\kappa P\right)$ 计算。形式上，将 RANS 的对数法则中的湍流普朗特数 Pr_t 置换为亚网格尺度湍流普朗特数 PR_SGS 来表示。如前所述，对数定律和包含在其中的参数 P 等实验常数和实验经验式，已证实对系综平均后的流场成立。因此，由于针对 LES 没有提出其他合适的壁面函数，应当理解为只是形式上采用了 RANS 的壁面函数。

（4）给定热通量的场合

与上述情况不同，有时会使用给定壁面热通量的诺依曼型边界条件[175]。此时就可以计算出保持热通量不变时的固体壁面温度分布。虽然显式地给定了热通量，但为了根据热传导定律由式（6.5.1）和式（6.5.14）推算温度分布，必须对热传导层进行足够精细的网格划分。

6.5.3　壁面以外的边界条件

（1）流入边界条件

RANS 模型根据实验值和观测值给出平均温度分布或者均匀温度分布。k–ε 模型中，湍流动能 $k\left(x_3\right)$ 和耗散率 $\varepsilon\left(x_3\right)$ 的垂直分布也需要参考实验和观测结果。关于耗散率，假设包括浮力引起的湍流动能生成 / 耗散 $G_k\left(x_3\right)$ 在内的所有湍流动能的产生和耗散率平衡，给出式（6.5.17）。

$$\varepsilon\left(x_3\right)=P_k\left(x_3\right)+G_k\left(x_3\right)=-\left\langle u_1'u_3'\right\rangle\frac{\partial\left\langle u_1\right\rangle}{\partial x_3}-g_3\beta\left\langle u_3'\theta'\right\rangle \tag{6.5.17}$$

其中，重力加速度为 $g_3=-9.8[\mathrm{m/s^2}]$，体积膨胀率为 $\beta=-\rho/\left(\partial\rho/\partial\theta\right)=1/\left\langle\theta\right\rangle$。在没有得到竖直方向雷诺应力 $\left\langle u_1'u_3'\right\rangle$ 和热通量 $\left\langle u_3'\theta'\right\rangle$ 的情况下，根据恒定通量的假设以及速度 $\left\langle u_1\right\rangle$、湍流动能 k、温度分布 $\left\langle\theta\right\rangle$，有时也会给出式（6.5.18）的关系。

$$\varepsilon\left(x_3\right)=P_k\left(x_3\right)+G_k\left(x_3\right)=C_\mu^{1/2}k\left[\frac{\partial\left\langle u_1\right\rangle}{\partial x_3}+\frac{g_3}{\mathrm{Pr_t}\left\langle\theta\right\rangle}\frac{\partial\left\langle\theta\right\rangle}{\partial x_3}\left(\frac{\partial\left\langle u_1\right\rangle}{\partial x_3}\right)^{-1}\right] \tag{6.5.18}$$

LES 则需要给出流入边界面的脉动温度分布。关于流入脉动温度的产生方法，目前还处于研究阶段，与流入脉动风相比，研究案例较少 [163]。

（2）流出边界条件

与速度场一样，设置流出面法线方向的温度梯度为零。对于 LES 的温度边界条件，有时也采用式（6.5.19）的对流型边界。

$$\frac{\partial\bar{\theta}}{\partial t}+U_c\frac{\partial\bar{\theta}}{\partial x_{n\mathrm{Out}}}=0 \tag{6.5.19}$$

其中，$x_{n\mathrm{Out}}$：相对于流出边界面垂直方向坐标 [m]，U_c：对流速度 [m/s]。关于对流速度 U_c 的值，多采用流入截面的平均速度。

（3）自由边界

与速度场一样，除地面外，将平行于主流方向的侧面边界和高空边界处理为自由空间。当计算区域足够宽阔时，将边界面法线方向的温度梯度设为零。

6.6　物质扩散相关边界条件

6.6.1　从固定浓度壁面发生扩散的处理

当模拟从固定浓度壁面上由分子扩散引起的物质释放时，根据热扩散和物质扩散的相似性，通过将普朗特数 Pr 和湍流普朗特数 $\mathrm{Pr_t}$ 分别替换为施密特数 Sc 和湍流施密特数 $\mathrm{Sc_t}$，可以适用第 6.5 节针对热的壁面边界条件。不过，当模拟城市街区内的污染物扩散时，从固定浓度墙壁释放污染物的案例 [175, 176] 并不多，一般采用下节所示的定义浓度通量的方法。

6.6.2　来自污染源扩散的处理

在已知污染源的单位时间发生量 $Q[\mathrm{m^3/s}$ 或 $\mathrm{kg/s}]$ 时，对包含面源或线源的网格根据物质浓度守恒定律进行单位体积单位时间的源项 $[\mathrm{kg/m^3/s}]$ 设定 [177, 178]。或对污染源发生面设定满足发生量 Q 的法线速度和浓度。

第 7 章 初始条件

在提供适当的初始条件并以追踪其时间变化为目的的非稳态模拟中，尽可能精确地提供初始条件是很重要的。但在大多数情况下，很难事先知道作为分析对象的所有物理量的三维空间分布。在稳态模拟中，了解这些分布正是实施 CFD 模拟的目的。另外，湍流是一种典型的混沌现象，对初始值误差的敏感度极高，在非稳态模拟中追求各时刻的精确数值本身就具有局限性。因此，在风环境预测等中使用的 CFD 模拟，与初始值问题相比，边界值问题更加重要，模拟也主要着眼于预测在给定适当边界条件下的稳态解或非稳态解的统计结果。

基于这种观点，只要初始条件"适当"，就不会影响最终结果。抑或只要确保充分的计算迭代次数和助跑模拟时间以消除初始条件的影响即可。这里之所以说"适当"，是因为在提供不适当的初始条件时，有时会出现计算不稳定，或者初始值影响残存较久而导致助跑模拟时间延长的情况。因此，如果可能的话，事先预估最终的分布特性并将与之对应的分布作为初始条件，有助于保持计算稳定和降低计算负荷。此方法对问题的依赖性很大，难以一般的形式加以总结。有一些经验方法，例如使用低阶精度但稳定的离散化格式（如一阶精度迎风格式等）求解后作为使用更高精度离散化格式模拟的初始条件，或用粗糙网格快速求解后将其插值作为更精细网格的模拟初始条件。

第 8 章　时间步长幅度

考虑一维空间中某物理量 ϕ 的对流方程，如式（8.1）所示（没有扩散项）。

$$\frac{\partial \phi}{\partial t} + u \frac{\partial \phi}{\partial x} = 0 \tag{8.1}$$

其中 u 是对流速度。另外，添加角标 n 表示时间及 j 表示空间，用 ϕ_j^n 表示离散化的物理量。用简单的前向差分将上式的时间微分项离散化，用二阶精度中心差分将对流项离散化，得到式（8.2）。

$$\frac{\phi_j^{n+1} - \phi_j^n}{\Delta t} + u \frac{\phi_{j+1}^n - \phi_{j-1}^n}{2 \Delta x} = 0 \tag{8.2}$$

其中，Δt 和 Δx 分别是时间和空间的幅度，简单起见假设 Δx 在所有位置都是相同的。式（8.2）与 ϕ_j^{n+1} 的关系整理如式（8.3）。

$$\phi_j^{n+1} = \phi_j^n - \frac{C}{2} \left(\phi_{j+1}^n - \phi_{j-1}^n \right) \tag{8.3}$$

这里引入的 C 是由式（8.4）定义的被称为库朗数的无量纲数。

$$C = \frac{u \Delta t}{\Delta x} \tag{8.4}$$

上述离散化格式中，某个网格点的值在每个时间计算步骤中都会影响相邻网格点。因此，$\Delta x / \Delta t$ 对应数值计算中的信息传递速度。换言之，库朗数表示的是由对流引起的物理传输速度与数值计算中的信息传递速度之比。

对对流方程进行稳定性分析[179]。这里，假设式（8.3）的解为 $\phi_j^n = g^n e^{i \xi j \Delta x}$。将其代入式（8.3）中整理，可得到式（8.5）。

$$g \phi_j^n = \phi_j^n - \frac{C}{2} \left(e^{i \xi \Delta x} - e^{-i \xi \Delta x} \right) \phi_j^n \tag{8.5}$$

根据欧拉公式 $e^{i\theta} = \cos\theta + i\sin\theta$，可得到式（8.6）。

$$g = 1 - iC\sin\xi \Delta x \tag{8.6}$$

为了计算稳定，解的放大率 g 必须满足式（8.7）的条件。

$$|g| = \left| \frac{\phi_j^{n+1}}{\phi_j^n} \right| \leq 1 \tag{8.7}$$

对时间微分项使用前向差分，对流项使用中心差分时，根据式（8.6）可得式（8.8）。

$$|g|=\sqrt{1+C^2\sin^2\xi\Delta x}\geqslant 1 \tag{8.8}$$

因此，在解中产生的微小扰动也会迅速增长，计算常变得不稳定。在 LES 中，空间微分项经常使用中心差分，这是因为对时间项采用隐式解法，以及此处未考虑的扩散项作用起到的稳定性效果，故可以稳定计算。

假设 u 为正，将式（8.1）对流方程的时间微分项用前向差分、对流项用一阶精度迎风差分进行离散化，得到式（8.9）。

$$\frac{\phi_j^{n+1}-\phi_j^n}{\Delta t}+u\frac{\phi_j^n-\phi_{j-1}^n}{\Delta x}=0 \tag{8.9}$$

将上式关于 ϕ_j^{n+1} 进行整理，可得到式（8.10）。

$$\phi_j^{n+1}=（1-C）\phi_j^n+C\phi_{j-1}^n \tag{8.10}$$

如果同前文一样进行稳定性分析，可得到关于放大率的式（8.11）的关系。

$$|g|=\sqrt{1-2C（1-C）（1-\cos\xi\Delta x）} \tag{8.11}$$

由此，对于所有的 $\xi\Delta x$，为了满足 $|g|\leqslant 1$，有 $-2C（1-C）\leqslant 0$。即，将时间微分项用前向差分、对流项用一阶精度迎风差分进行离散化时，计算稳定的条件为式（8.12）。

$$C=\frac{u\Delta t}{\Delta x}\leqslant 1 \tag{8.12}$$

这也可以理解是为了恰当地捕捉对流运动效果，数值计算的信息传递速度必须大于物理传输速度。

时间步长幅度与计算量直接相关，在实际应用中很多情况下都要求尽可能地大。此时的时间步长幅度上限标准就是上述库朗数相关的条件。但实际上，有时对流项的差分格式并非一阶精度迎风，因此很难像本文说明的那样对稳定性进行严格讨论。另外，由于隐式解法的引入，有时也会大幅放宽库朗数的相关条件。但是，这种情况下会追加使用隐式解法的迭代计算，因此需要根据计算条件研究恰当的时间步长幅度。

第 9 章　收敛条件

在进行非压缩性流体模拟时，可通过本篇第 5 章所示的 MAC 法系列、SIMPLE 法系列、PISO 法系列等压力和速度的耦合方法求解。此时无论采用哪种方法，都需要解出压力及各时间步长间的压力变化等标量势 ϕ 的泊松方程。泊松方程的右边，多为速度、预测速度、部分阶段速度等某种速度 u_i^* 的散度，如式（9.1）所示。

$$\nabla^2\phi = \nabla \cdot u_i^* \tag{9.1}$$

式（9.1）离散化归结为 ϕ 的联立一次方程，系数矩阵为对称稀疏矩阵。联立一次方程的解法，如第 5 章所述，大致分为直接法和迭代法，但流体计算等维度较大的联立一次方程的解法主要使用迭代法。在迭代法的计算中，当 ϕ 的第 $n+1$ 次迭代的值 $\phi^{(n+1)}$ 和第 n 次的 $\phi^{(n)}$ 之间的差异足够小时，就视为收敛，迭代计算结束。ϕ 是在各个计算网格中定义的，所以考虑 $\phi^{(n+1)}$ 与 $\phi^{(n)}$ 之差的范数如式（9.2）。

$$\|\phi^{(n+1)} - \phi^{(n)}\| < \varepsilon \tag{9.2}$$

其中，ε 是收敛条件。范数 $\|f\|$ 定义如式（9.3）。

$$\|f\| = \left(\frac{1}{N}\sum_{i=1}^{N} f_i^2\right)^{1/2} \tag{9.3}$$

如果像式（9.2）那样取 ϕ 的绝对量的差，根据不同的问题合适的 ε 值差异很大，因此用 $\|\phi^{(n+1)}\|$ 除式（9.2）的两边，如式（9.4）所示，也可将 ε' 作为收敛条件。

$$\frac{\|\phi^{(n+1)} - \phi^{(n)}\|}{\|\phi^{(n+1)}\|} < \varepsilon' \tag{9.4}$$

因此模拟时需要确认所使用的软件和联立方程求解时用于收敛条件判定的是式（9.2）所示的绝对残差还是式（9.4）所示的相对残差。另外，某些软件会将式（9.2）的两侧除以 $\phi^{(n+1)}$ 的最大值或最大最小值之差后的值用于收敛条件的判定，如式（9.5）和式（9.6）所示。

$$\frac{\|\phi^{(n+1)} - \phi^{(n)}\|}{\max(\phi^{(n+1)})} < \varepsilon' \tag{9.5}$$

$$\frac{\|\phi^{(n+1)} - \phi^{(n)}\|}{\max(\phi^{(n+1)}) - \min(\phi^{(n+1)})} < \varepsilon' \tag{9.6}$$

无论哪种解法，都不知道通过迭代法最终得到的下一时刻的速度在满足连续性方程方面的误差有多大。换言之，迭代法的收敛条件和得到的连续性方程的误差程度之间的定量关系并不明确。因此，也可引入（9.7）式用于收敛判断。

$$\frac{\| \nabla^2 \phi^{(n+1)} - \nabla \cdot u_i^* \|}{\| \nabla \cdot u_i^* \|} < \varepsilon' \tag{9.7}$$

收敛条件没有通用标准，但在通用软件中其默认值大多为 $\varepsilon'=10^{-4}$ 左右。在稳态模拟中，由于收敛条件对最终稳定场的速度分布有很大影响，所以最好将条件严格到 2 位数字左右以确认模拟结果是否已无变化。当收敛条件不严格时，速度的空间变化过于宽松，有可能无法正确预测强风区和弱风区。关于非稳态模拟，梶岛[85] 将速度的散度用该地点的速度和计算网格进行无量纲化，将数值变小几个位数作为一个标准。不过，在 MAC 法和 PISO 法中，下一时刻的速度在修正速度阶段就能大致估算出来，有时不需要像稳态模拟那样对压力相关的泊松方程的收敛条件要求那样严格。在进行非稳态模拟时，对泊松方程的重复迭代计算需要花费大量时间，因此也需要避免设置对计算结果影响较小的过度收敛条件。

第 10 章　模拟时间

10.1　使用稳态 RANS 模型模拟的情形

使用 RANS 模拟稳态问题时不存在模拟时间。但是，模拟需要进行反复的迭代计算，与上一节的收敛条件有关，请一并参考。在稳态模拟中，只要确保足够的迭代次数，直到满足所设定的收敛条件即可。

10.2　使用非稳态 RANS 模型或 LES 时的助跑模拟

给予适当的初始条件模拟其瞬时变化时不需要助跑模拟。但是，有时会给出某种初始条件，在给定边界条件的区域内流动及物理量本身或各自的统计量稳定之后，再继续实施模拟以进行统计量的评价。此时，从初始状态到进行统计量的评估的正式模拟之间需要确保适当的助跑计模拟时间。

但实际操作中应该确保多少助跑模拟时间很难一概而论。通常助跑模拟应当进行到初始条件的影响消失为止，若初始条件越接近最终场的状态，所需要的助跑模拟时间就越短。也有一些定量讨论合理助跑时间的方法，即根据对象空间的特征长度尺度和速度尺度计算出时间尺度，然后设置助跑模拟时间为该时间尺度的多少倍，例如，分析整个模拟区域的流体因流入和流出的不同而更换了多少次。此外，在主要分析对象区域设置输出时序列数据的测点，对其输出结果进行移动平均，确认目标量是否达到统计稳定状态也是一种有效的方法。

10.3　使用非稳态 RANS 模型或 LES 时的正式模拟

进行助跑模拟后，还将继续进行正式模拟以评估所需的平均值、标准差及其他统计量。LES 等由于计算成本高，有时不太能保证足够的模拟时间。但是，如果数据采样不充分，得到的统计量可靠性就会受损（统计上的不确定性增大）。需要在计算成本和统计可靠性之间进行权衡。因而，需要定量评价计算时间与由此得到的统计量的可靠性之间的关系，并根据模拟要求的精度确定适当的计算时间。

通常平均值等低阶统计量更容易在较短的计算时间内得到稳定的统计结果。另外，标准差、偏度、峰度等高阶矩或最大值等极值容易受到有限计算时间内的极端数据影响，需要确保更长的计算时间。因此，根据所关注的统计量，所需要的计算时间也会发生变化。在逐渐延长计算时间的同时，评估感兴趣的统计量是较好的确认统计量可靠性的简便方法。如果想更精确地评价统计量的不确定性，可采用如下所示的办法，此处以平均值为例加以说明。

假设对于具有母本平均值 μ 和母本方差值 σ^2 的某个物理量，得到其时间序列数据（u_t：$t=1，\cdots，n$）。u_t 具有期望值 $E(u_t)=\mu$，方差 $\mathrm{var}(u_t)=\sigma^2$。此外其样本平均值 $\bar{u}$ 和无偏方差 s^2 由式（10.3.1）定义。

$$\bar{u}=\frac{1}{n}\sum_{t=1}^{n}u_t,\quad s^2=\frac{1}{n-1}\sum_{t=1}^{n}(u_t-\bar{u})^2 \tag{10.3.1}$$

如果 u_t 是相互独立的样本，则由中心极限定理得到 $E(\bar{u})=\mu$，$\mathrm{var}(\bar{u})=\sigma^2/n$。但是，通过非稳态 RANS 或 LES 的时间序列数据得到的样本具有自相关，样本均值的方差不能简单地归结为这种形式。假设 u_t 具有自相关函数 $\mathrm{cor}(u_t,u_{t+k})=\rho_k$。此时样本均值的方差由式（10.3.2）给出[180]。

$$\mathrm{var}(\bar{u})=\frac{\sigma^2}{n_{\mathrm{eff}}},\quad n_{\mathrm{eff}}=n\Big/\left\{1+2\sum_{k=1}^{n-1}\left(1-\frac{k}{n}\right)\rho_k\right\} \tag{10.3.2}$$

这意味着由于数据中自相关的存在，有效样本数从 n 减少到 n_{eff}。另外，积分时间尺度 T_{int} 由式（10.3.3）给出。其中，Δt 是采样的时间间隔。

$$T_{\mathrm{int}}=\int_0^{\infty}\rho(\tau)\,d\tau\approx\sum_{k=0}^{n-1}\rho_k\Delta t \tag{10.3.3}$$

Δt 非常小，与之相比 n 非常大，故能够确保足够的采样时间 T_{smp}。此时随着 k 的增加，ρ_k 通常比（$1-k/n$）更迅速地接近零。然后，用式（10.3.4）定义 T'_{int}，它近似地等于 T_{int}。

$$T'_{\mathrm{int}}=\frac{1}{2}\left\{1+2\sum_{k=1}^{n-1}\left(1-\frac{k}{n}\right)\rho_k\right\}\Delta t\approx\frac{1}{2}\left(1+2\sum_{k=1}^{n-1}\rho_k\right)\Delta t\approx\sum_{k=0}^{n-1}\rho_k\Delta t\approx T_{\mathrm{int}} \tag{10.3.4}$$

n_{eff} 近似等于采样时间除以积分时间尺度 T_{int} 的 2 倍值 [式（10.3.5）]。

$$n_{\mathrm{eff}}=\frac{n\Delta t}{\left\{1+2\sum_{k=1}^{n-1}\left(1-\frac{k}{n}\right)\rho_k\right\}\Delta t}=\frac{T_{\mathrm{smp}}}{2T'_{\mathrm{int}}}\approx\frac{T_{\mathrm{smp}}}{2T_{\mathrm{int}}} \tag{10.3.5}$$

因此，样本均值的方差与 σ^2 和 T_{int} 成正比，与 T_{smp} 成反比，如式（10.3.6）。

$$\mathrm{var}(\bar{u})\approx\frac{2\sigma^2 T_{\mathrm{int}}}{T_{\mathrm{smp}}} \tag{10.3.6}$$

将符合标准正态分布的概率变量的显著性水平 α 所对应的百分比设为 $z_{\alpha/2}$，则 μ 的置信系数 $1-\alpha$ 的置信区间如式（10.3.7）所示。但是，在求 $\mathrm{var}(\bar{u})$ 时，在一定程度上确保足够的采样时间为前提，可认为 $\sigma^2\approx s^2$，ρ_k 也必须从样本中推算。

$$[\bar{u}-z_{\alpha/2}\cdot\mathrm{van}(\bar{u})^{0.5},\ \bar{u}+z_{\alpha/2}\cdot\mathrm{var}(\bar{u})^{0.5}] \tag{10.3.7}$$

第 11 章　编制报告

11.1　模型验证

CFD 模拟的结果总是伴随着不确定性。为了尽可能提高模拟精度，在努力提高模拟水平的同时，将模拟结果的不确定性进行定量化，客观地报告模拟结果的可靠性也很重要。在第 1 篇的 2.5.1 节中叙述过，模拟结果的不确定性评价大致分为验证和评估两种。简而言之，Verification 是确认方程求解的过程是否"恰当"，Validation 是确认求解的方程是否"合适"[181, 182]。本节主要论述验证，将评估留到下一节。

验证还分为代码验证和解验证。代码验证是为了确认湍流模型、边界条件、初始条件等原本用数学描述的模型是否用模拟代码正确地表现而进行的过程。也就是说，要考虑编程上是否存在错误和算法上是否存在矛盾。这通常由模拟程序的开发者完成。而 Solution verification 则是以特定的模拟结果为对象，以估计数值误差和不确定性为目的，主要由模拟实施者进行。

包括偏微分方程形式的各种输运方程和其他用数学表达的边界条件等，在计算机上通常会被修改为离散定义的空间和时间上各变量的代数方程后加以计算。因此，实际计算的方程中经常包含离散化带来的误差。

不过，其误差的大小取决于所选择的离散化方法。虽然在实际模拟应用时很难从原理上计算误差，但可以根据模拟结果推算误差大小。一种典型方法是所谓的网络收敛性指标（Grid Convergence Index，GCI）[181]。GCI 基于两种不同计算网格宽度的模拟结果，应用理查德森外推法。

首先分别进行粗糙网格和精细网格的模拟。设网格宽度依次为 h_2，h_1，分别得到模拟结果为 f_2，f_1。此外计算网格宽度之比及结果差分定义如式（11.1.1）和式（11.1.2）。

$$r = h_2/h_1 > 1 \qquad (11.1.1)$$

$$\varepsilon = f_2 - f_1 \qquad (11.1.2)$$

基于上述数据，根据理查德森外推法分别推算粗糙网格和精细网格中的数值误差 E_2 和 E_1 如式（11.1.3）所示。

$$E_2 = \frac{r^p \varepsilon}{1 - r^p} \qquad (11.1.3a)$$

$$E_1 = \frac{\varepsilon}{1-r^p} \tag{11.1.3b}$$

其中的 p 指的是数值格式的精度。而后，各自计算网格的 GCI 定义如式（11.1.4）。

$$GCI_2 = F_s|E_2| \tag{11.1.4a}$$

$$GCI_1 = F_s|E_1| \tag{11.1.4b}$$

这里的 F_s 是安全系数，它的引入是基于不确定性的考虑，不仅限于数值格式，还包括随着计算网格宽度的减小而减小的误差。F_s 的值有任意性，但通常设定为 1.25 或 3[181-184]。

11.2 模型评估

CFD 模拟对模型化的物理方程式进行求解。因此，即便恰当地解出了给定的方程式，其结果也只是近似实际的物理现象，而不是物理现象本身。因此，进行 CFD 模拟后有必要验证其结果在物理上是否妥当。

首先需要绘制空间风速矢量图和其他各量的标量图等，确认其分布能否定性地说明物理现象。同时，通过与实验值进行比较以定量评价 CFD 模拟结果的精度和可靠性也很重要。这里采用模型评估的代表性指标（Metrics）。其中，P 是 CFD 模拟结果，O 是实验（或观测）数据。另外，下标 i 表示比较的数据点编号，N 表示总数据数。

（1）Mean Bias，MB［式（11.2.1）］

$$MB = \frac{1}{N} \sum_{i=1}^{N} (P_i - O_i) \tag{11.2.1}$$

MB 是 CFD 模拟值与实验值之差的平均值，表示各数据点的平均偏差。

（2）Mean Error，ME［式（11.2.2）］

$$ME = \frac{1}{N} \sum_{i=1}^{N} |P_i - O_i| \tag{11.2.2}$$

在 MB 中，当存在过高预测和过低预测的点时会相互抵消，无法恰当地评价各点之间的差异。因此，ME 将 CFD 模拟值和实验值之间的差异改为绝对值后进行平均，将模拟值和实验值之间的平均差异进行定量化。

（3）Root Mean Square Error，RMSE［式（11.2.3）］

$$RMSE = \sqrt{\frac{1}{N} \sum_{i=1}^{N} (P_i - O_i)^2} \tag{11.2.3}$$

RMSE 和 ME 一样，是表示各点模拟值和实验值平均差异的指标之一。但是，如果模拟值和实验值间差异的发生频率遵循正态分布，则 68%（约 2/3）的差异落在 1 RMSE 之内，95%

（约 19/20）的差异落在 2 RMSE 之内。另外，由于 RMSE 是将差平方后再进行平均，因此与 ME 相比，RMSE 对差异较大的数据灵敏度更高。

（4）Mean Normalized Bias Error，MNBE［式（11.2.4）］

$$\text{MNBE}=\frac{1}{N}\sum_{i=1}^{N}\left(\frac{P_i-O_i}{O_i}\right) \tag{11.2.4}$$

MB 是直接平均模拟值和实验值间的差。但当二者各自的绝对值大小有较大差异时，MB 受到大绝对值点数据的较大差异影响，不一定表现出整体的平均差异。MNBE 是先用实验值对各点数据进行标准化后再平均，因此可以减缓绝对值的差异，以相对于实验值的比例表现平均差异。但需要注意的是，如果存在实验值极小的点，会受到该点的强烈影响。

（5）Mean Normalized Gross Error，MNGE［式（11.2.5）］

$$\text{MNGE}=\frac{1}{N}\sum_{i=1}^{N}\left|\frac{P_i-O_i}{O_i}\right| \tag{11.2.5}$$

MNGE 的意义与 ME 相同，但与 MNBE 一样先用实验值标准化后再进行平均。

（6）Correlation Coefficient，CC［式（11.2.6）］

$$\text{CC}=\frac{\sum_{i=1}^{N}(P_i-\bar{P})(O_i-\bar{O})}{\sqrt{\sum_{i=1}^{N}(P_i-\bar{P})^2}\sqrt{\sum_{i=1}^{N}(O_i-\bar{O})^2}} \tag{11.2.6a}$$

$$\bar{P}=\frac{1}{N}\sum_{i=1}^{N}P_i,\ \ \bar{O}=\frac{1}{N}\sum_{i=1}^{N}O_i \tag{11.2.6b}$$

CC（相关系数）是表示模拟值和实验值之间的线性关系的量，取值从 –1（完全负相关）到 1（完全正相关）。在分析空间分布时，CC 较大的正值表示 CFD 能够预测出与实验值相同的空间分布。

（7）Factor of Two，FAC2［式（11.2.7）］

$$\text{FAC2}=\frac{1}{N}\sum_{i=1}^{N}n_i \quad \text{with} \quad n_i=\begin{cases} 1 \text{ if } 0.5\leqslant\dfrac{P_i}{O_i}\leqslant 2.0 \\ 0 \quad \text{else} \end{cases} \tag{11.2.7}$$

FAC2 表示模拟值在实验值的一倍或一半范围内的数据比例。它可以表示评价点位置的模拟值在容许的误差范围内的程度。当然使用时也可以根据各问题的要求基准更改阈值。

（8）Hit Rate，HR［式（11.2.8）］

$$\text{HR}=\frac{1}{N}\sum_{i=1}^{N}n_i \quad \text{with} \quad n_i=\begin{cases} 1, \text{ if } \left|\dfrac{P_i-O_i}{O_i}\right|\leqslant D \text{ or } |P_i-O_i|\leqslant W \\ 0, \quad \text{otherwise} \end{cases} \tag{11.2.8}$$

HR 表示模拟值与实验值之差在实验值的某个比例范围 D 内的数据的比例。此外，考虑到实验值也包含测量误差，如果模拟值与实验值之差小于或等于某个给定范围 W，也可视为二者一致。

（9）Fractional Bias，FB［式（11.2.9）］

$$FB = \sum_{i=1}^{N}(P_i - O_i) \bigg/ 0.5\sum_{i=1}^{N}(P_i + O_i) \tag{11.2.9}$$

FB 是将模拟值和实验值的平均差异用所有模拟值和实验值数据的平均值进行标准化后表示。

（10）Normalized Mean Square Error，NMSE［式（11.2.10）］

$$NMSE = \frac{1}{N}\sum_{i=1}^{N}(P_i - O_i)^2 \bigg/ \left(\frac{1}{N}\sum_{i=1}^{N}P_i\right)\left(\frac{1}{N}\sum_{i=1}^{N}O_i\right) \tag{11.2.10}$$

NMSE 是用模拟值和实验值各自平均值的乘积来标准化均方误差的平均值。

以上是定量表现 CFD 模拟值与实验值一致性的代表性指标。但是，任何指标都有优缺点，没有唯一绝对正确的指标。因此，在评价模拟结果的可靠性时，需要结合特性不同的几个指标进行综合判断。另外，计算这些指标时使用哪些测点的数据具有任意性。并非使用所有数据都是合适的。如果 CFD 模拟的主要目的是调查物理量的空间分布，就需要提取想要了解的空间区域的数据并计算指标。

11.3　报告撰写

为了保证 CFD 模拟的可靠性，使用本章叙述的方法及指标对模拟结果进行定量评价是非常重要的。此外，CFD 模拟的精度依赖第 2 篇第 1 章至第 10 章叙述的各种模型和模拟方法的选用。因此，为了表示进行了合理的模拟，并且能够复现该模拟，在 CFD 模拟报告书和论文中必须全部记载所选择的模拟方法和计算条件。

参考文献

[1] Launder, B.E., Spalding, D.B., 1974. The numerical computation of turbulent flows. Comput. Method Appl. M. 3, 269-289.

[2] 持田灯, 村上周三, 林吉彦, 1991. 立方体モデル周辺の非等方乱流場に関する k-ε モデルと LES の比較—乱流エネルギー生産の構造とノルマルストレスの非等方性の再現に関して—. 日本建築学会計画系論文報告集, 423, 23-31.

[3] Launder, B.E., Kato, M., 1993. Modeling flow-induced oscillations in turbulent flow around a square cylinder. ASME Fluid Engineering conference.

[4] 近藤宏二, 持田灯, 村上周三, 1994. 改良 k-ε モデルによる 2 次元モデル周辺気流の数値計算. 第 13 回風工学シンポジウム論文集, 515-520.

[5] Tsuchiya, M., Murakami, S., Mochida, A., Kondo, K. et al., 1997. Development of a new k-ε model for flow and pressure fieds around bluff body. J. Wind Eng. Ind. Aerod. 67&68, 51-64.

[6] Durbin, P.A., 1996. On the k-3 stagnation point anomaly. Int. J. Heat Fluid Flow 17, 89-90.

[7] 白澤多一, 持田灯, 吉野博, 村上周三, 富永禎秀, 飯塚悟, 2002. Durbin により提案された改良 k－ε モデルの概要とその拡張（1）—2 次元空間におけるレイノルズストレスの realizability に関する検討—. 日本建築学会東北支部研究報告集計画系, 65, 81-84.

[8] 富永禎秀, 持田灯, 村上周三, 佐脇哲史, 2002. 高層建物周辺気流の CFD 解析における各種改良 k-ε モデルの比較. 日本建築学会計画系論文集, 556, 47-54.

[9] Yakhot, V., Orszag, S.A., Thangam, S., Gatski, T.B., Speziale, C.G., 1992. Development of turbulence models for shear flows by a double expansion technique. Phys. Fluids A, 4, 1510-1520.

[10] Shih, T.H., Liou, W.W., Shabbir, A., Yang, Z. Zhu, J., 1995. A New k-ε Eddy Viscosity Model for High Reynolds Number Turbulent Flows. Comput. Fluids 24 (3), 227-238.

[11] Jones, W., Launder, B., 1972. The prediction of laminarization with a two-equation model of turbulence. Int. J. Heat Mass Transf. 15, 301–314. doi:10.1016/0017-9310(72)90076-2.

[12] Launder, B.E., Sharma, B.I., 1974. Application of the energy-dissipation model of turbulence to the calculation of flow near a spinning disc. Lett. Heat Mass Tran. 1(2), 131–137. doi: 10.1016/0094-4548(74)90150-7.

[13] Abe, K., Kondoh, T., Nagano, Y., 1995. A new turbulence model for predicting fluid flow and heat transfer in separating and reattaching flows—II. Thermal field calculations. Int. J. Heat Mass Transf. 38, 1467–1481. doi:10.1016/0017-9310(94)00252-Q.

[14] Hattori, H. Nagano, Y. 2003. A New Low-Reynolds-Number Turbulence Model with Hybrid Time-Scales of Mean Flow and Turbulence for Complex Wall Flows. Proc. 4th

Int. Symp. on Turbulence, Heat and Mass Transfer, Antalya, Turkey, October 12-17, 2003, 561-568.

[15] Speziale, C.G., 1987. On nonlinear K-l and K - ε models of turbulence. J. Fluid Mech. 178, 459. doi:10.1017/S0022112087001319.

[16] Shih, T.-H., Liou, W.W., Shabbir, A., Yang, Z., Zhu, J., 1995. A new k- ε eddy viscosity model for high reynolds number turbulent flows. Comput. Fluids 24, 227–238. doi:10.1016/0045-7930(94)00032-T.

[17] Craft, T.J., Launder, B.E., Suga, K., 1997. Prediction of turbulent transitional phenomena with a nonlinear eddy-viscosity model. Int. J. Heat Fluid Flow 18, 15–28. doi:10.1016/S0142-727X(96)00145-2.

[18] 須賀一彦, 永岡真, 堀之内成明, 2002. 三次非線型渦粘性モデルによる三次元 U 字管内乱流熱伝達の解析. 日本機械学会論文集 B 編, 68, 495–503. doi:10.1299/kikaib.68.495.

[19] Wilcox, D.C., 1988. Reassessment of the scale-determining equation for advanced turbulence models. AIAA J. 26, 1299–1310. doi:10.2514/3.10041.

[20] Wilcox, D.C., 2008. Formulation of the k-w Turbulence Model Revisited. AIAA J. 46, 2823–2838. doi:10.2514/1.36541.

[21] Menter, F.R., 1994. Two-equation eddy-viscosity turbulence models for engineering applications. AIAA J. 32, 1598–1605. doi:10.2514/3.12149.

[22] 土屋直也, 飯塚悟, 大岡龍三, 村上周三, 加藤信介, 2001. 非等温室内気流の LES データベースに基づくレイノルズ応力, 乱流熱流束の収支構造の解析. 日本建築学会計画系論文集, 550, 47–54.

[23] 土屋直也, 村上周三, 加藤信介, 大岡龍三, 2002. ASM, WET モデル, 渦粘性/渦拡散モデルのアプリオリテスト : 非等温室内気流の LES データベースを用いた乱流モデルの評価. 日本建築学会計画系論文集, 558, 23-30.

[24] Nakajima, K., Ooka, R., Kikumoto, H., 2018. Evaluation of k- ε Reynolds stress modeling in an idealized urban canyon using LES. J. Wind Eng. Ind. Aerod. 175, 213–228. doi:10.1016/J.JWEIA.2018.01.034.

[25] Yoshizawa, A., Abe, H., Matsuo, Y., Fujiwara, H., Mizobuchi, Y., 2012. A Reynolds-averaged turbulence modeling approach using three transport equations for the turbulent viscosity, kinetic energy, and dissipation rate. Phys. Fluids 24, 075109. doi:10.1063/1.4733397.

[26] 大風翼, 吉澤徹, 持田灯, 2016. 渦粘性係数の輸送方程式に基づく 3 方程式レイノルズ平均モデルの建物周辺気流への適用. 日本建築学会講演梗概集 D-2, 803–804.

[27] Rodi, W., 1993. On the simulation of turbulent flow past bluff bodies. J. Wind Eng. Ind. Aerod. 46–47, 3–19. doi:10.1016/0167-6105(93)90111-Z.

[28] Rodi, W., 1997. Comparison of LES and RANS calculations of the flow around bluff bodies. J. Wind Eng. Ind. Aerod. 69, 55–75. doi:10.1016/S0167-6105(97)00147-5.

[29] Tominaga, Y., 2015. Flow around a high-rise building using steady and unsteady RANS CFD: Effect of large-scale fluctuations on the velocity statistics. J. Wind Eng. Ind. Aerod. 142, 93–103. doi:10.1016/j.jweia.2015.03.013.

[30] Younis, B.A., Zhou, Y., 2006. Accounting for mean-flow periodicity in turbulence closures. Phys. Fluids 18. doi:10.1063/1.2166458.

[31] Viollet, P.L., 1987. The modelling of turbulent recirculating flows for the purpose of reactor thermal-hydraulic analysis. Nucl. Eng. Des. 99, 365–377. doi:10.1016/0029-5493(87)90133-6.

[32] Henkes, R.A.W.M., Van Der Vlugt, F.F., Hoogendoorn, C.J., 1991. Natural-convection flow in a square cavity calculated with low-Reynolds-number turbulence models. Int. J. Heat Mass Transf. 34, 377–388. doi:10.1016/0017-9310(91)90258-G.

[33] 野口康仁, 村上周三, 持田灯, 富永禎秀, 1994. 都市の温熱環境の数値シミュレーション（その3）k-ε モデルの乱流熱フラックスの評価への浮力効果の組み込み. 日本建築学会大会学術講演梗概集 D, 65–66.

[34] Nagano, Y., Kim, C., 1988. A Two-Equation Model for Heat Transport in Wall Turbulent Shear Flows. J. Heat Trans. 110, 583. doi:10.1115/1.3250532.

[35] 安倍賢一, 長野靖尚, 近藤継男, 1994. はく離・再付着を伴う乱流熱伝達を解析するための温度場 2 方程式モデル. 日本機械学会論文集 B編, 60, 1743–1750. doi:10.1299/kikaib.60.1743.

[36] Tominaga, Y., Stathopoulos, T., 2007. Turbulent Schmidt numbers for CFD analysis with various types of flowfield. Atmos. Environ. 41, 8091–8099. doi:10.1016/j.atmosenv.2007.06.054.

[37] Germano, M., 1986. A proposal for a redefinition of the turbulent stresses in the filtered Navier–Stokes equations. Phys. Fluids 29, 2323. doi:10.1063/1.865568.

[38] Smagorinsky, J.S., 1963. General circulation experiments with the primitive equations; part 1 Basic experiments. Mon. weather rev. 91, 99–164.

[39] Deardorff, J.W., 1970. A numerical study of three-dimensional turblent channel flow at large Reynolds numbers. J. Fluid Mech. 41, 453-480.

[40] Clark, R.A., Ferziger, J.H., Reynolds, W.C., 1979. Evaluation of subgrid-scale models using an accurately simulated turbulent flow. J. Fluid Mech. 91 (1), 1-16.

[41] Mochida, A., Murakami, S., Shoji, M., Ishida, Y., 1993. Numerical Simulation of flowfield around Texas Tech Building by Large Eddy Simulation. J. Wind Eng. Ind. Aerod. 46–47, 455–460. doi:10.1016/0167-6105(93)90312-C.

[42] Xie, Z.-T., Castro, I.P., 2009. Large-eddy simulation for flow and dispersion in urban streets. Atmos. Environ. 43, 2174–2185. doi:10.1016/j.atmosenv.2009.01.016.

[43] Van Driest, E. R., 1956. On Turbulent Flow near a Wall. J. Aeronaut. Sci. 23, 1007-1011.

[44] 持田灯, 村上周三, 富永禎秀, 小林光, 1996. Smagorinsky SGS モデルにおける標準型と Dynamic 型の比較　Dynamic LES による 2 次元角柱まわりの乱流渦放出流れの解析（第 1 報）. 日本建築学会計画系論文集, 479, 41-47.

[45] Germano, M., Piomelli, U., Moin, P., Cabot, W.H., 1991. A dynamic subgrid-scale eddy viscosity model. Phys. Fluids A3 (7), 1760-1765.

[46] Lilly, D.K., 1992. A proposed modification of the Germano subgrid-scale closure method. Phys. Fluids A4 (3), 633-635.

[47] Meneveau, C., Lund, T.S. Cabot, W.H., 1996. A Lagrangian dynamic subgrid-scale model for turbulence. J. Fluid Mech. 319, 353-385.

[48] Deardorff, J.W., 1980. Stratocumulus-capped mixed layers derived from a three-dimensional model. Bound.-Layer Meteorol. 18, 495–527. doi:10.1007/BF00119502.

[49] Yoshizawa, A., Horiuti, K., 1985. A Statistically-Derived Subgrid-Scale Kinetic Energy Model for the Large-Eddy Simulation of Turbulent Flows. J. Phys. Soc. Japan 54, 2834–2839. doi:10.1143/JPSJ.54.2834.

[50] Moeng, C.-H., Wyngaard, J.C., 1988. Spectral Analysis of Large-Eddy Simulations of the Convective Boundary Layer. J. Atmos. Sci. 45, 3573–3587. doi:10.1175/1520-0469(1988)045<3573:SAOLES>2.0.CO;2.

[51] Okamoto, M., Shima, N., 1999. Investigation for the One-Equation-Type Subgrid Model with Eddy-Viscosity Expression Including the Shear-Damping Effect. JSME Int. J. Ser. B 42, 154–161. doi:10.1299/jsmeb.42.154.

[52] Nicoud, F., Ducros, F., 1999. Subgrid-Scale Stress Modelling Based on the Square of the Velocity Gradient Tensor. Flow Turbul. Combust. 62, 183–200.

[53] Kobayashi, H., 2005. The subgrid-scale models based on coherent structures for rotating homogeneous turbulence and turbulent channel flow. Phys. Fluids 17, 045104. doi:10.1063/1.1874212.

[54] Kobayashi, H., Ham, F., Wu, X., 2008. Application of a local SGS model based on coherent structures to complex geometries. Int. J. Heat Fluid Flow 29, 640–653. doi:10.1016/j.ijheatfluidflow.2008.02.008.

[55] Antonopoulos-Domis, M., 1981. Large-eddy simulation of a passive scalar in isotropic turbulence. J. Fluid Mech. 104, 55. doi:10.1017/S0022112081002814.

[56] 村上周三, 持田灯, 松井巨光, 1995. LES による非等温室内気流解析：Smagorinsky モデルにおける標準タイプと Dynamic タイプの比較. 生産研究, 47, 7–12.

[57] Gousseau, P., Blocken, B., Stathopoulos, T., van Heijst, G.J.F., 2011. CFD simulation of

near-field pollutant dispersion on a high-resolution grid: A case study by LES and RANS for a building group in downtown Montreal. Atmos. Environ. 45, 428–438. doi:10.1016/j.atmosenv.2010.09.065.

[58] Bazdidi-Tehrani, F., Ghafouri, A., Jadidi, M., 2013. Grid resolution assessment in large eddy simulation of dispersion around an isolated cubic building. J. Wind Eng. Ind. Aerod. 121, 1–15. doi:10.1016/j.jweia.2013.07.003.

[59] Spalart, P., Allemaras, S., 1992. A one-equation turbulence model for aerodynamic flows. in: 30th Aerospace Sciences Meeting and Exhibit. American Institute of Aeronautics and Astronautics, Reston, Viriginia. doi:10.2514/6.1992-439

[60] Spalart, P.R., Deck, S., Shur, M.L., Squires, K.D., Strelets, M.K., Travin, A., 2006. A New Version of Detached-eddy Simulation, Resistant to Ambiguous Grid Densities. Theor. Comput. Fluid Dyn. 20, 181–195. doi:10.1007/s00162-006-0015-0.

[61] Kakosimos, K.E., Assael, M.J., 2013. Application of Detached Eddy Simulation to neighbourhood scale gases atmospheric dispersion modelling. J. Hazard. Mater. 261, 653–668. doi:10.1016/J.JHAZMAT.2013.08.018.

[62] Lateb, M., Masson, C., Stathopoulos, T., Bédard, C., 2014. Simulation of near-field dispersion of pollutants using detached-eddy simulation. Comput. Fluids 100, 308–320. doi:10.1016/J.COMPFLUID.2014.05.024.

[63] Liu, J., Niu, J., 2016. CFD simulation of the wind environment around an isolated high-rise building: An evaluation of SRANS, LES and DES models. Build. Environ. 96, 91–106. doi:10.1016/J.BUILDENV.2015.11.007.

[64] 風洞実験法ガイドライン研究委員会, 2008. 実務者のための建築物風洞実験ガイドブック(2008 年版). （一財）日本建築センター.

[65] 日本建築学会, 2017. 建築物荷重指針を活かす設計資料 2 —建築物の風応答・風荷重評価／CFD 適用ガイド—.

[66] Richards, P.J., Hoxey, R.P., 1993. Appropriate boundary conditions for computational wind engineering models using the k-e turbulence model. J. Wind Eng. Ind. Aerod. 46–47, 145–153. doi:10.1016/0167-6105(93)90124-7.

[67] Blocken, B., Stathopoulos, T.T., Carmeliet, J., 2007. CFD simulation of the atmospheric boundary layer: wall function problems. Atmos. Environ. 41, 238–252. doi:10.1016/j.atmosenv.2006.08.019.

[68] Ricci, A., Kalkman, I., Blocken, B., Burlando, M., Freda, A., Repetto, M.P., 2017. Local-scale forcing effects on wind flows in an urban environment: Impact of geometrical simplifications. J. Wind Eng. Ind. Aerod. 170, 238–255.

[69] Counihan, J., 1975. Adiabatic atmospheric boundary layers: A review and analysis of data from the period 1880-1972. Atmos. Environ. 9, 871–905. doi:10.1016/0004-6981(75)90088-8.

[70] Lettau, A., 1969. Note on aerodynamic roughness parameter estimation on the basis of roughness-element description. J. Appl. Meteorol. 8, 828-832.

[71] Counehan, J., 1971. Wind tunnel determination of the roughness length as a function of the fetch and the roughness density of three-dimensional roughness elements. Atmos. Environ. 5, 637–642. doi:10.1016/0004-6981(71)90120-X.

[72] Theurer, W., 1993. Dispersion of ground-level emissions in complex built-up areas. Doctoral Thesis, University of Karlsruhe.

[73] Bottema, M., 1996. Roughness parameters over regular rough surfaces: Experimental requirements and model validation. J. Wind. Eng. Indust. Aerod. 64, 249–265.

[74] Macdonald, R.W., Griffiths, R.F., Hall, D.J., 1998. An improved method for the estimation of surface roughness of obstacle arrays. Atmos. Environ. 32 (11), 1857–1864.

[75] Millward-Hopkins, J.T., Tomlin, A.S., Ma, L., Ingham, D., Pourkashanian, M., 2011. Estimating Aerodynamic Parameters of Urban-Like Surfaces with Heterogeneous Building Heights. Bound.-Layer Meteorol. 141, 443–465. doi:10.1007/s10546-011-9640-2.

[76] Bottema, M., 1995. Parametization of aerodynamic roughness parameters in relation with air pollutant removal efficiency of stress. WIT Trans. Ecol. Envir. 6, 2–9.

[77] Jackson, P.S., 1981. On the displacement height in the logarithmic velocity profile. J. Fluid Mech. 111, 15-25.

[78] Kanda, M., Moriizumi, T., 2009. Momentum and heat transfer over urban-like surfaces. Bound.-Layer Meteorol. 131, 385–401. doi:10.1007/s10546-009-9381-7.

[79] Kanda, M., Inagaki, A., Miyamoto, T., Gryschka, M., Raasch, S., 2013. A New Aerodynamic Parametrization for Real Urban Surfaces. Bound.-Layer Meteorol. 148, 357–377. doi:10.1007/s10546-013-9818-x.

[80] Mohammad, A.F., Zaki, S.A., Hagishima, A., Ali, M.S.M., 2015. Determination of aerodynamic parameters of urban surfaces: methods and results revisited. Theor. Appl. Climatol. 122, 635–649. doi:10.1007/s00704-014-1323-8.

[81] 平岡久司, 丸山敬, 中村泰人, 桂順治, 1989. 植物郡落内および都市キャノピー内の乱流モデルに関する研究(その 1)乱流モデルの作成. 日本建築学会計画系論文報告集, 406, 1-9.

[82] 平岡久司, 1992. 数値流体力学（保原充, 大宮司久明 編）18.2.1 節・都市の風環境－地表面粗度と接地境界層. 東京大学出版会, 568-569.

[83] 平岡久司, 丸山敬, 中村泰人, 桂順治, 1990. 植物群落内および都市キャノピー内の乱流モデルに関する研究(その 2)実験データとの比較によるモデルの検証. 日本建築学会計画系論文報告集, 416, 1-8.

[84] Uno, I., Ueda. H., Wakamatsu, S., 1989. Numerical Modeling of the Nocturnal Urban Boundary Layer. Bound.-Layer Meteorol., 49, 77-98.

[85] Svensson, U., Haggkvist, K., 1990. A Two-Equation Turbulence Model For Canopy Flows. J. Wind Eng. Ind. Aerod. 35, 201-211.

[86] 岩田達明, 木村敦子, 持田灯, 吉野博, 2004. 歩行者レベルの風環境予測のための植生キャノピーモデルの最適化. 第 18 回風工学シンポジウム論文集, 69-74.

[87] Green, S.R., 1992. Modelling Turbulent Air Flow in a Stand of Widely-Spaced Trees. PHOENICS Journal Computational Fluid Dynamics and its Applications. 5, 294-312.

[88] Liu, J., Chen, J.M., Black, T.A., Novak, M.D., 1996. E-ε Modelling of Turbulent Air Flow Downwind of a Model Forest Edge. Bound.-Layer Meteorol., 77, 21-44.

[89] 大橋征幹, 2004. 単独樹木周辺の気流解析に関する研究. 日本建築学会環境系論文報告集, 578, 91-96.

[90] Mochida, A., Tabata, Y., Iwata, T., Yoshino, H., 2008. Examining tree canopy models for CFD prediction of wind environment at pedestrian level. J. Wind Eng. Ind. Aerod. 96, 1667-1677.

[91] 黒谷靖雄, 清田誠良, 小林定教, 2001. 出雲地方の築地松が有する防風効果 その 2. 日本建築学会大会学術講演梗概集 D-2, 745-746.

[92] Maruyama, T., 1993. Optimization of roughness parameters for staggered arrayed cubic blocks using experimental data. J. Wind Eng. Ind. Aerod. 46-47, 165–171.

[93] 榎木康太, 山口敦, 石原孟, 2008. 新しい市街地気流解析モデルの提案とその検証. 第 20 回風工学シンポジウム論文集, 85-90.

[94] 丸山敬, 1995. 市街地上空における気流性状の数値計算（その 1）実際の市街地をケーススタディとした計算手法の検証. 日本建築学会構造系論文集, 474, 49-58.

[95] 平岡久司, 2009. 植栽を有する流れ場の LES モデルの作成. 日本建築学会環境系論文集, 639, 603-612.

[96] 梶島岳夫, 1999. 乱流の数値シミュレーション. 養賢堂. 59-64.

[97] Rhie, C.M., Chow, W.L., 1983. Numerical study of the turbulent flow past an airfoil with trailing edge separation. AIAA J. 21, 1525-1532.

[98] 石田義洋, 村上周三, 加藤信介, 持田灯, 1993. 解強制置換法を用いた複合 grid システムによる建物内外の気流解析に関する研究. 日本建築学会計画系論文報告集, 451, 55-66.

[99] Harlow, F.H., Welch, J.E., 1965. Numerical calculation of time-dependent viscous incompressible flow of fluid with free surface. Phys. Fluids 8, 2182-2189.

[100] 小野佳之, 中村良平, 酒井佑樹, 挾間貴雅, 丸山勇祐, 田中英之, 河合英徳, 田村哲郎, 2017. CFD 実用計算法の提示-建築物の耐風設計への数値流体計算の導入に関する研究（その 6）-. 日本建築学会大会学術講演梗概集, 177-178.

[101] 吉川優, 田村哲郎, 2015. 周辺街区が再現された高層建物モデルの LES 風荷重評価-実市街地を対象とした CFD 建築耐風設計（その 1）-. 日本建築学会構造系論文集, 718, 1849-1857.

[102] Coelho, P., Pereira, J.C.F., Carvalho, M.G., 1991. Calculation of laminar recirculating flows using a local non-staggered grid refinement system. Int. J. Numer. Methods Fluids. 12, 535-557.

[103] 今野雅, 大嶋拓也, 挾間貴雅, 柴田貴裕, 小縣信也, 2010. オープンソース CFD ツールキット OpenFOAM を用いた市街地風環境予測. 第 24 回数値流体力学シンポジウム, 1-7.

[104] Aftosmis, M.J., Berger, M.J., Melton, J.E., 1998. Robust and efficient Cartesian Mesh Generation for Component-Based Geometry. AIAA J. 36 (6), 952-960.

[105] Muzaferija, S., Gosman, D., 1997. Finite-volume CFD procedure and adaptive error control strategy for grids of arbitrary topology. J. Comp. Phys. 137, 766-787.

[106] Inagaki, A., Kanda, M., Ahmad, N.H., Yagi, A., Onodera, N., Aoki, T., 2017. A Numerical Study of Turbulence Statistics and the Structure of a Spatially-Developing Boundary Layer Over a Realistic Urban Geometry. Bound.-Layer Meteorol. 164, 161-181.

[107] Han, M., Ooka, R., Kikumoto, H. 2019. Lattice Boltzmann method-based large-eddy simulation of indoor isothermal airflow. Int. J. Heat Mass Transf. 130, 700-709.

[108] Versteeg, H.K., Malalasekera, W., 2007. An Introduction to Computational Fluid Dynamics. The Finite Volume Method. Pearson Education Ltd.

[109] Leonard, B.P., 1988. Simple high-accuracy resolution program for convective modelling of discontinuities. Int. J. Numer. Meth. Fl. 8, 1291-1318.

[110] Sweby, P.K., 1984. High Resolution Schemes Using Flux Limiters for Hyperbolic Conservation Laws. SIAM J. Numer. Anal. 21 (5), 995–1011.

[111] 小野浩己, 瀧本浩史, 道岡武信, 佐藤歩, 2015. 有限体積法に基づく Large Eddy Simulation のための対流項離散化スキームの検討. 日本建築学会環境系論文集, 80, 1143-1151.

[112] van Leer, B., 1974. Towards the Ultimate Conservation Difference Scheme. II. Monotonicity and Conservation Combined in a Second-Order Scheme. J. Comput. Phys. 14, 361-370.

[113] Roe, P.L., 1985. Some contributions to the modelling of discontinuous flows, Large-scale computations in fluid mechanics. Proc. Fifteenth Summer Seminar on Applied Mathematics, 163-193.

[114] 小野浩己, 瀧本浩史, 佐藤歩, 道岡武信, 佐田幸一, 2017. 地熱発電所から排出される硫化水素の大気拡散予測のための数値モデル開発. 大気環境学会誌, 52, 19-29.

[115] https://github.com/OpenFOAM/OpenFOAM-dev/tree/master/src/finiteVolume/interpolation/surfaceInterpolation/limitedSchemes/filteredLinear2, 2019/6/18

[116] Darwish, M.S., Moukalled, F., 2003. TVD schemes for unstructured grids. Int. J. Heat and Mass Transf. 46, 599-611.

[117] Williamson, J.H., 1980. Low-storage Runge-Kutta schemes. J. Comput. Phys. 35 (1), 48-56.

[118] Hirt, C., Cook, J., 1972. Calculating three-dimensional flows around structures and over rough terrain. J. Comput. Phys. 10, 324–340.

[119] 小林敏雄編, 2003. 数値流体力学ハンドブック. 丸善.

[120] スハス V. パタンカー原著, 水谷幸夫・香月正司 共訳, 1985. コンピュータによる熱移動と流れの数値解析. コンピュータによる熱移動と流れの数値解析. 森北出版.

[121] Patankar, S., 1980. Numerical heat transfer and fluid flow. Series in computational methods in mechanics and thermal sciences. Taylor & Francis.

[122] van Doormaal, J.P., Raithby, G.D., 1984. Enhancements of the Simple Method for Predicting Incompressible Fluid Flows. Numer. Heat Transf. Part A. 7, 147–163.

[123] Yin, R., Chow, W., 2003. Comparison of four algorithms for solving pressure-velocity linked equations in simulating atrium fire. Int. J. Archit. Sci. 4, 24–35.

[124] Date, A., 1986. Numerical prediction of natural convection heat transfer in horizontal annulus. Int. J. Heat Mass Transf. 29, 1457–1464.

[125] 張維, 村上周三, 持田灯, 1992. 定常解法による建物周辺気流の数値シミュレーション(その 1)(その 2). 日本建築学会関東支部研究報告集, 77–84.

[126] 空気調和・衛生工学編, 2017. はじめての環境・設備設計シミュレーション CFD ガイドブック. オーム社.

[127] 酒井孝司, 岩本靜男, 倉渕隆, 松尾陽, 2002. 室内外等温乱流場における SIMPLEC 法の計算安定性に関する考察. 日本建築学会計画系論文集, 67, 37–44.

[128] Issa, R.I., 1986. Solution of the implicitly discretised fluid flow equations by operator-splitting. J. Comput. Phys. 62, 40–65.

[129] ファーツィガー, J., ペリッチ, M., 2012. コンピュータによる流体力学. 丸善出版.

[130] Nakajima, K., 2014. Optimization of serial and parallel communications for parallel geometric multigrid method. Proc. 20th IEEE International Conference for Parallel and Distributed Systems (ICPADS 2014), 25-32.

[131] 日野幹雄, 1992, 流体力学. 朝倉書店.

[132] Spalding D.B., 1967. Monograph on turbulent boundary layers. Technical Report TWF/TN/33 Imperial College Mechanical Eng. Dpt., Chp.2.

[133] Nikuradse J., 1950. Laws of flow in rough pipes. NACA-TM-1292.

[134] Hama F.R., 1954. Boundary-layer characteristics for smooth and rough surfaces. Trans Soc. Naval Archit. Mar. Engrs. 62, 333-358.

[135] Snyder W.H., Castro I.P., 2002. The critical Reynolds number for rough-wall boundary layers. J. Wind Eng. Ind. Aerod. 90, 41-54.

[136] 白澤多一, 遠藤芳信, 義江龍一郎, 持田灯, 田中英之, 2008. 高層建物後流弱風域における ガス拡散性状に関する LES と Durbin 型 k-ε モデルの比較, 日本建築学会環境系論文集, 73 (627), 615–622.

[137] Werner, H., Wengel, H, 1991. Large-eddy simulation of turbulent flow over and around a cube in plate channel. Proc. 8th Symp on Turbulent shear flows, 19–4, 155–158.

[138] 白澤多一, 石田泰之, 持田灯, 大風翼, 2011. LES による市街地形態の変更が都市空間の運動エネルギー収支とその散逸の総量に及ぼす影響の分析 その 1 周期境界条件における駆動力付与方法のスタディ, 日本建築学会大会学術講演梗概集 D-1, 695.

[139] Tseng, Y.-H., Meneveau, C., Parlange, M.B., 2006. Modeling flow around bluff bodies and predicting urban dispersion using large eddy simulation. Environ. Sci. Technol. 40, 2653-2662.

[140] Goldstein, D., Hander, R., Sirovich, L., 1993. Modeling a no-slip flow boundary with an external force field. J. Comput. Phys. 105, 354-366.

[141] Tseng, Y.-H., Ferziger, J.H., 2003. A ghost-cell immersed boundary method for flow in complex geometry. J. Comput. Phys. 192, 593-623.

[142] Mittal, R., Dong, H., Bozkurttas, M., Najjar, F.M., Vargas, A., von Loebbecke, A., 2008. A versatile sharp interface immersed boundary method for incompressible flows with complex boundaries. J. Comput. Phys. 227, 4825-4852.

[143] Ye, T., Mittal, R., Udaykumar, H.S., Shyy, W., 1999. An accurate Cartesian grid method for viscous incompressible flows with complex immersed boundaries. J. Comput. Phys. 156 (2), 209-240.

[144] Anderson, W., 2013. An immersed boundary method wall model for high-Reynolds-number channel flow over complex topography. Int. J. Numer. Methods Fluids 71 (12), 1588-1608.

[145] Coceal, O., Thomas, T.G., Castro, I.P., Belcher, S.E., 2006. Mean flow and turbulence statistics over groups of urban-like cubical obstacles. Bound.-Layer Meteorol. 121, 491-519.

[146] 日本建築学会, 2015. 建築物荷重指針・同解説.

[147] 飯塚悟, 村上周三, 持田灯, Lee, S., 1996. Dynamic LES による 2 次元角柱周辺流れの解析（第 5 報）波数空間の 3 次元エネルギースペクトルに基づく流入変動風の作成. 日本建築学会大会学術講演梗概集 D-2, 537-538.

[148] 近藤宏二, 持田灯, 村上周三, 土屋学, 1999. 生成された流入変動風を用いた乱流境界層の LES－流入変動風生成時のクロススペクトルマトリクスの再現精度が計算結果に及ぼす影響について－. 日本建築学会構造系論文報告集, 523, 47-54.

[149] 盛川仁, 丸山敬, 2001. 条件付確率場の理論と応用. 京都大学学術出版会.

[150] 岩谷祥美, 1996. 実測データを組み込んだ多次元風速変動のシミュレーション. 日本風工学会誌, 69, 1-13.

[151] Xie, Z.-T., Castro, I.P., 2008. Efficient generation of inflow conditions for large eddy simulateon of street-scale flows. Flow Turbul. Combust. 81, 449-470.

[152] Klein, M., Sadiki, A., Janika, J., 2003. A digital filter based generation of inflow data for spatially developing direct numerical or large eddy simulation. J. Comput. Phys. 186, 2, 652-665.

[153] Okaze, T., Mochida, A., 2017. Cholesky decomposition-based generation of artificial inflow turbulence including scalar fluctuation. Comput. Fluids, 159, 2017, 23-32.

[154] Jarrin, N., Prosser, R., Uribe, J.-C., Benhamadouche, S., Laurence, D., 2009. Reconstruction of turbulent fluctuation for hybrid RANS/LES simulations using a Synthetic-Eddy Method. Int. J. Heat. Fluid Flow 30, 435-442.

[155] Mathey, F., Cokljat, D., Bertoglio, J.P., Sergent. E., 2006. Assessment of the vortex method for Large Eddy Simulation inlet conditions. Progress in Comput. Fluid Dyn. Int. J. 6, 1-3.

[156] Poletto, R., Craft, T., Revell, A., 2013. A new divergence free synthetic eddy method for the reproduction of inlet flow condition for LES. Flow Turbul. Combust. 91 (3), 519-539.

[157] Lund, T.S., Wu, X. Squires, K.D., 1998. Generation of turbulent inflow data for spatially-developing boundary layer simulations. J. Comput. Phys. 140, 233-258.

[158] 片岡浩人, 水野稔, 1998. 流入変動風中の角柱周りの流体計算. 日本建築学会大会学術講演梗概集 （構造 I）B-1, 313-314.

[159] 野津剛, 田村哲郎, 1998. 境界層乱流のシミュレーション. 日本建築学会大会学術講演梗概集（構造 I）B-1, 305-306.

[160] 片岡浩人, 水野稔, 1999. 流入変動風を用いた三次元角柱周りの気流解析. 日本建築学会計画系論文集, 64 (523), 71-77.

[161] 野澤剛二郎, 田村哲郎, 2000. 乱流境界層中の低層建物まわりの流れの LES－風圧力特性の再現性－. 日本建築学会構造系論文集, 65 (530), 13-20.

[162] Nozawa, K., Tamura, T., 2002. Large eddy simulation of the flow around a low-rise

building immersed in a rough-wall turbulent boundary layer. J. Wind Eng. Ind. Aerod. 90 (10), 1151-1162.

[163] Yang, X.I.A., Meneveau, C., 2015. Recycling inflow method for simulation of spatially evolving turbulent boundary layers over rough surfaces. J. Turbul. 17 (1), 75-93.

[164] Suto, H., Hattori, Y., Nakao, K., 2018. Spatial development of a boundary layer with high-intensity turbulence generated by PID control and linear forcing. Proc. 7th International Symposium on Computational Wind Engineering, 73, June 18-22, 2018.

[165] Vasaturo, R., Kalkman, I., Blocken, B., van Wesemael, P.J.V., 2018. Large eddy simulation of the neutral atmospheric boundary layer: performance evaluation of three inflow methods for terrains with different roughness. J. Wind Eng. Ind. Aerod. 173, 241-261.

[166] 星谷勝, 1979. 確率論手法による振動解析. 鹿島出版会.

[167] Raupach, M.R., Antonia, R.A., Rajagopalan, S., 1991. Rough-wall turbulent boundary layers. Appl. Mech. Rev. 44 (1), 1-25.

[168] 吉田駿, 1999. 伝熱学の基礎. 理工学社.

[169] Jayatilleke C.L.V., 1969. The influence of Prandtl number and surface roughness on the resistance of the laminar sub-layer to momentum and heat transfer. Heat. Mass Transf. 1, 193-329.

[170] Brutsaert W., 1975. The roughness length for water vapor, sensible heat, and other scalars. J. Atmosperic Sci. 32, 2028-2031.

[171] Owen P.R., Thomson W.R., 1963. Heat transfer across rough surfaces. J. Fluid Mech. 15 (3), 321-334.

[172] Kanda, M., Moriizumi, T., 2009. Momentum and heat transfer over urban-like surfaces. Bound.-layer Meteorol. 131, 385-401.

[173] Garrat J.R., 1992. The atmospheric boundary layer. Cambridge University Press.

[174] Boppana V.B.L., Xie Z.T., Castro I.P., 2014. Thermal stratification effect on flow over a generic urban canopy. Bound.-Layer Meteorol. 153, 141-162.

[175] Boppana V.B.L., Xie Z.T., Castro I.P., 2010. Large-eddy simulation of dispersion from surface sources in arrays of obstacle. Bound.-Layer Meteorol. 135, 433-454.

[176] 池谷直樹, 萩島理, 谷本潤, 2011. 立方体粗度群床面-大気間のスカラー輸送現象に関する LARGE-EDDY SIMULATION. 日本建築学会環境系論文集, 76 (668), 943-951.

[177] Michioka T., Sato A., Takimoto H., Kanda M., 2011. Large-Eddy Simulation for the Mechanism of Pollutant Removal from a Two-Dimensional Street Canyon. Bound.-Layer Meteorol. 138, 195-213.

[178] Michioka T., Sato A., 2012. Effect of Incoming Turbulent Structure on Pollutant Removal from Two-Dimensional Street Canyon. Bound.-Layer Meteorol. 145, 469-484.

[179] 河村哲也, 2006. 数值計算入門. サイエンス社.

[180] Metcalfe, A.V., Cowpertwait, P.S.P., 2009. Introductory Time Series with R. Springer New York, New York, NY. doi:10.1007/978-0-387-88698-5.

[181] Roache, P.J., 1997. Quantification of uncertainty in computational fluid dynamics. Annu. Rev. Fluid Mech. 29, 123–160. doi:10.1146/annurev.fluid.29.1.123.

[182] Franke, J., Hellsten, A., Schlünzen, H., Carissimo, B., 2007. Best Practice Guideline for the CFD Simulation of Flows in the Urban Environment. COST Action 732 Rep.

[183] Hefny, M.M., Ooka, R., 2009. CFD analysis of pollutant dispersion around buildings: Effect of cell geometry. Build. Environ. 44, 1699–1706. doi:10.1016/j.buildenv. 2008.11.010.

[184] van Hooff, T., Blocken, B., Tominaga, Y., 2017. On the accuracy of CFD simulations of cross-ventilation flows for a generic isolated building: Comparison of RANS, LES and experiments. Build. Environ. 114, 148–165. doi:10.1016/j.buildenv.2016.12.019.

第3篇
城市风环境预测的 CFD 应用指南

第1章　前言

近年随着计算机性能的日益强大和流体分析软件的普及，通过数值流体力学（CFD）进行高楼风的预测以及风环境评价在实际操作层面得到了广泛应用。日本建筑学会于 2007 年出版了《城市风环境预测的流体数值模拟指南——模拟导则及验证数据库》[①][1]。该书总结了准确地进行高楼风的预测和评价时应当注意的问题。此后，英文版《AIJ guidelines for practical applications of CFD to pedestrian wind environment around building》也予以公开 [2]。考虑到当时的计算能力和工程实际情况，该书以 RANS 模型的使用为前提。本篇的第 2 章（RANS 和 LES 共通的整体指南）及第 3 章（使用湍流模型的 RANS 方法指南），以 2007 年版本为基础，根据新的知识进行了必要的调整。关于 RANS 和 LES 两者共通的模拟区域、建筑物与障碍物的建模、初始条件、报告编制以及计算网格的一部分等，都在第 2 章的整体指南中提及。其次，RANS 模型还是 LES 模型的选择会导致要求大不相同。湍流模型、离散化方法解算法、边界条件时间步长、计算时间和计算网格的一部分的指导方针在第 3 章（RANS 模型）和第 4 章（LES 模型）中分别予以介绍。第 5 章则展示了各种计算条件的差异对模拟结果所造成的影响的研究案例，读者可在实际模拟过程中予以参考。

---

① 即本书的上一版本，其缘起详见第 1 篇第 2 章的 2.5.3 节。——译者注

第 2 章　RANS、LES 的共通整体指南

2.1　模拟区域

- 关于与主流方向正交剖面的模拟区域的大小，可设定阻塞率（建筑物群的投影面积与模拟区域中和主流方向正交的剖面面积之比）大致在 5% 以下。

- 为了验证所使用模拟代码的精度，在模拟风洞实验中单体建筑模型周边的流动时，流入边界条件的设置目标是设置粗糙体块从而在下风向形成接近流，侧面边界、高空边界、流出边界位置最好设定为筑物高度 10 倍以上的距离远离建筑物。

- 以实际城市街区为对象时的水平方向的模拟区域大小，从目标建筑物等的外缘起测量，在风环境预测领域中常以代表性建筑物高度 H 的 5 倍左右的位置设定流入、流出及侧面边界。

- 以实际城市街区为对象时，若模拟区域在垂直方向上过于狭窄可能导致高空风速分布发生变化，因此建议尽可能加高模拟区域。其高度可由日本建筑学会建筑物荷载指南及解说 [3] 规定的（粗糙度分类 Ⅱ 级为 350m，Ⅲ 级为 450m，Ⅳ 级为 550m）为基准。但是，其中包含的建筑物群的投影面积，应当大致保持在与主流方向正交剖面的宽度和高度确定面积的 5% 以下（即阻塞率 5% 以下）。

- 在上述范围之外，若上风向有大的建筑物、地形、地貌的情况下，还需要扩大模拟区域来包含这些物体。

2.2　建筑物和障碍物的模型建立

2.2.1　周边建筑的建模范围

- 目标建筑物周边的预测范围及其外边缘起至少 1 个街区以上的范围内的建筑，应尽可能准确地再现其形状。

- 此外，从上述范围外缘知道计算区域的边界附近，可将建筑群的形状进行简化后建模，或者至少根据建筑物群的流体力学阻力性质进行简化建模。在这种情况下，一直到正确建模建筑物形状的街区的上风侧范围，流入风的性状都没有大的变异。

2.2.2　目标建筑的建模精度

- 在对目标建筑物的形状进行建模时，要充分注意应能够再现建筑物端部产生的剥离流。
- 虽然很少有必要建模诸如阳台等建筑物墙面上的小凹凸，但应尽量再现与建筑物轮廓相关的凹凸，特别是切角部分应尽可能建模。
- 在使用正交网格时，对于横穿计算网格的墙面，为了再现其形状特征，可将其近似为阶梯状。采用浸没边界法等可以允许倾斜形状的方法时，应尽量再现精确的形状。
- 使用非正交网格时，对于评价范围内的周边建筑物，最好进行适合墙面的网格分割，以尽可能准确地再现建筑物形状。

2.2.3　小于计算网格的建筑、树木的处理

- 对于小尺度的建筑物、建筑物周边的地物、广告牌、树木以及汽车等难以通过计算网格准确模拟的物体，当预计这些物体会对目标区域的风环境产生不可忽视的影响时，应当对基本方程添加如冠层模型等以表现其流体力学影响，即风速衰减和湍流增加的附加项。
- 对于作为风环境应对策略中最常用的树木，可以通过使用树冠模型来评价其效果。代表性的树冠模型如第 2 篇 3.3 节所示。

2.3　计算网格

- 正确预测建筑物周边气流最重要的是正确再现屋顶面和墙面的剥离流的特性，即需要能够充分再现对象建筑物端部产生的剥离流的网格分割。
- 很多建筑物都是长方体等具有锐角的钝体，剥离点无论雷诺数的大小都存在于上层侧的角部。这种情况下，如果确保一定程度的分辨率，即使采用壁面函数型壁面边界条件，也不会产生大的问题。
- 穹顶或圆柱状建筑物等情况下，剥离点会根据雷诺数而变化，需要注意如果不使用 no-slip 壁面条件的低雷诺数湍流模型等来求解壁面附近的边界层，很多情况下无法正确预测剥离特性。
- 一般风速评价的高度（离地面高 1.5~5.0m）应当配置在距地表面的第 3~4 个网格中。
- 与 RANS 模型相比，LES 模拟需要捕捉非稳态的复杂涡流结构，因此需要细化建筑物周边的计算网格。
- 在非正交网格系统中，通常以保持模型的表面形状为前提，因此在模型形状较复杂或计算网格密度较粗的区域中，应当注意网格形状的纵横比不宜过大。另外，与地表面或壁面相接的区域，优选与模型表面平行的边界层网格。
- 在非正交网格系统中，可以局部调整计算区域中的网格密度，但关于变量放置的位置，节点中心法和单元中心法对检查体积的处理方式不同，应当注意网格密度和计算精度之间的关系。

2.4　求解算法

- 在着手开始实际模拟之前，应该理解使用的求解算法和离散化格式的特征，并确认与收敛条件相关的参数，如松弛系数、时间步长（非稳态计算场合）等。

2.5　初始条件

- 为了尽快获得收敛解，最好赋予物理上更合理的初始条件。如将流入边界条件中物理量的垂直分布赋给整个模拟区域，或将层流的计算结果作为初始值，或将 RANS 模型的稳态模拟结果作为 LES 模拟的初始条件等。但是，若可以事先预料到这些初始值与最终结果有很大不同时，可以将所有变量以一个微小的恒定初始值开始计算，有时会更快地得到收敛解。

2.6　时间步长

- 在进行非稳态模拟时，如果库朗数超过 1，计算可能会发散。因此，应当以库朗数的值为基准来决定适当的时间步长。
- 在建筑物周边流动中，由于分析对象的计算网格宽度和风速因场所而异，因此最好综合考虑模拟所需花费的时间和库朗数的最大值等设定时间步长。
- 在隐式解法中，有时可以允许库朗数大于 1 的计算，但速度的时间变化有过度松弛的倾向，需要加以注意。

2.7　报告编制

2.7.1　模拟结果的信赖性

- 将本指南中登载的基准模型的单体建筑模型和市区模型，利用基准中规定的计算条件，分别模拟至少一个案例，最好与本书中所示的实验结果和分析结果进行比较。
- 不仅是平均风速，还应当充分注意如湍流动能等与脉动相关的各种物理的模拟精度。
- 第一次使用新的求解代码时，应实施所有模拟条件与已有代码相同的案例模拟，并对结果进行比较。

2.7.2　模拟结果的表示方法

（1）风速分布

- 通常认为模拟结果的各点风速与基准参考点的风速成正比，因此可以将各点的风速换算为相对于基准点风速的比例，以风速比来表示即可。此外，基准点的高度可考虑采用气象部门的测定高度、主要目标建筑物高度、日本建筑学会建筑物荷载指南及解说[3] 的高空风高度 z_G 等。

- 若采用箭头向量将风速的大小与风向一同表示则更易理解。

（2）湍流成分

- 以城市街区风环境为对象的气流一般随时间变化较大。这种气流变化会对人的步行等活动造成不小的影响。在 CFD 中，除平均风速外，最好也能获取湍流动能等与速度的时间变化相关的信息。

（3）明确记录模拟条件

- 与 CFD 的模拟结果一起，应当全部记录模拟中使用的计算网格，各种边界条件、使用的物理模型、参数等。

第 3 章　使用湍流模型的 RANS 模拟方法指南

3.1　湍流模型

- 使用体现雷诺应力效果的湍流模型。

- RANS 模型一般用于稳态模拟的场合，但如果建筑物后方不发生周期性变化，即使是非稳态模拟，如果进行充分的收敛计算，也应该可获得与稳态分析相同的结果。

- 目前，实际工程中 CFD 模拟中最常用的湍流模型是标准 k-ε 模型及其改进型模型。参考文献 [4] 详细说明了将这些湍流模型应用于各种形状的建筑物周边流动的结果，建议读者了解各个模型的特性。

- 标准 k-ε 模型的明显问题是在建筑物壁面等碰撞区域产生过大的湍流动能，特别是无法再现屋顶表面的剥离和回流。这个问题可能影响地表附近风速分布中高风速的发生位置及其值的再现性和各方向分量的风速分布。

- 与此相对，改良型 k-ε 在模型解决了上述标准 k-ε 模型的问题，多数情况下地表附近的建筑物迎风角部附近的强风区域预测精度都有所提高。

- 高层建筑后方等经常会发生非稳态的周期性速度变化。这种变化与所谓用湍流模型进行模型化的变化有本质的不同，因此在稳态模拟中无法再现。此外，即使进行非稳态模拟，RANS 模型很多时候也无法再现这种变化。

- 如果不能再现建筑物后方的周期性变化，则会低估随之产生的动量扩散，导致高估后方循环流的趋势。如果模拟对这一部分的精度要求较高，则可采用能够再现周期变化的非稳态 RANS 模型，以及采用 LES 或 RANS/LES 混合。

- 使用新的湍流模型时，首先应以单体建筑物的基准模型为对象进行模拟，并将其精度与实验结果或以往的模拟结果等进行比较，确认其特征。

- 当黏性底层内采用较精细的计算网格时，该区域内高雷诺数型湍流模型的前提不成立，故应当使用与低雷诺数流动对应的湍流模型。

3.2　计算网格

- 目标建筑及其周边风速的评价点所包含的范围，计算网格的分辨率最低应为建筑尺度的

1/10 程度（1.0~10m）。

- 在速度梯度较大的区域，一个计算网格的各个方向的宽度和相邻网格的宽度不应相差过大。在这些区域中，相邻计算网格的大小之比（grid stretching ratio）建议控制在 1.3 以下。
- 应该通过多种不同的计算网格划分 [网格总数的比以 1 ∶ 3.4（=1.5³）为基准] 进行模拟，确保模拟结果没有太大变化。

3.3　离散化方法

（1）对流项格式

- 一阶精度的迎风差分格式虽然是非常稳定的格式，但由于数值黏性大，各种物理量的空间变化有过度松弛的倾向，所以不推荐使用。
- 至少应该使用二阶精度以上的格式。
- 即使在计算初期使用一阶精度迎风差分格式，最终也应该使用更高精度的格式来获得收敛解。

（2）扩散项格式

- 使用二阶精度以上的中心差分。

3.4　边界条件

3.4.1　流入边界条件

（1）风速

- 流入平均风速的垂直分布 $U(z)$，可参考如日本建筑学会建筑物荷载指南及解说[3] 等，按照式（3.4.1）的幂法则给出。

$$U(z) = U_s \left(\frac{z}{z_s} \right)^\alpha \qquad (3.4.1)$$

U_s：基准高度 z_s 处的风速

α：幂指数。例如，低层建筑物密集的地区或中层建筑物分布的地区（粗糙度分类Ⅲ级）幂指数 $\alpha = 0.2$，如果是以中层建筑为主的市区（粗糙度分类Ⅳ级）$\alpha = 0.27$。可参考第 1 篇 2.1.1 节。

（2）湍流动能 k 及其耗散率 ε

- k 的铅直分布 $k(z)$ 参考实验和观测结果等给出。
- 在没有可供参考的实验和观测结果时，日本建筑学会建筑物荷载指南及解说[3] 给出了湍流强度 $I(z)$ 的垂直分布的一种估计，如式（3.4.2）所示。

$$I(z) = \frac{\sigma_{u}(z)}{U(z)} = 0.1\left(\frac{z}{z_{G}}\right)^{(-a-0.05)} \qquad (3.4.2)$$

其中，z_{G} 为高空风高度，σ_{u} 是风速脉动的标准差。

使用上式，$k(z)$ 可以由式（3.4.3）给出。

$$k(z) = \frac{\sigma_{u}^{2}(z) + \sigma_{v}^{2}(z) + \sigma_{w}^{2}(z)}{2} \cong \sigma_{u}^{2}(z) = (I(z)\,U(z))^{2} \qquad (3.4.3)$$

• ε 的垂直分布 $\varepsilon(z)$ 则根据 k 的输运方程中假设局部平衡，由式（3.4.4）给出。

$$\varepsilon(z) = P_{k}(z) = -\langle u'w'(z)\rangle \frac{dU(z)}{dz} = C_{\mu}^{1/2} k(z) \frac{dU(z)}{dz} \qquad (3.4.4)$$

若采用风速的垂直梯度幂指数 α 的幂法则，则表示为式（3.4.5）：

$$\varepsilon(z) = C_{\mu}^{1/2} k(z) \frac{U_{s}}{z_{s}} \alpha \left(\frac{z}{z_{s}}\right)^{(\alpha-1)} \qquad (3.4.5)$$

• 流入边界条件中的 k 和 ε 如果赋予了物理上不恰当的值，风速分布的模拟结果也可能会产生不可忽视的误差，因此需要予以注意。

3.4.2　流出边界条件

• 流出面的法线方向一般采用梯度为零的条件，但使用这种条件需要在远离受建筑物影响的位置设置流出边界。

3.4.3　高空、侧面边界条件

• 如果按照"2.2 模拟区域"中所叙述的程度设置足够大的模拟区域，则高空面、侧面的边界条件对目标建筑物周边的预测结果没有太大的影响。

• 模拟区域取得足够大，在 slip 壁面条件（界面法线方向的风速分量为零，其他风速分量的梯度为零）的条件下，计算可稳定进行。

3.4.4　壁面边界条件

（1）风速

• 如在"2.3 计算网格"节中所述，在雷诺数较大的建筑周边气流的实际模拟中，no-slip 壁面条件的应用较为困难，因此多使用如下所示的壁面函数。

• 光滑面的对数法则用式（3.4.6）表示。

$$\frac{\langle u_{p}\rangle}{(\langle \tau_{w}\rangle/\rho)^{1/2}} = \frac{1}{\kappa}\ln x_{p}^{+} + A = \frac{1}{\kappa}\ln\frac{(\langle \tau_{w}\rangle/\rho)^{1/2}\cdot x_{p}}{v} + A \qquad (3.4.6)$$

$\langle u_{p}\rangle$：壁面第 1 层网格的切线方向风速

x_{p}：$\langle u_{p}\rangle$ 定义位置距墙面的距离

A：通用常数，光滑面的情况取 5.0~5.5 左右的值

此外，为了避免计算的繁杂，有时会使用如式（3.4.7）所示的一般化的对数法则。

$$\frac{\langle u_p \rangle}{(\langle \tau_w \rangle / \rho)} (C_\mu^{1/2} \cdot k_p)^{1/2} = \frac{1}{\kappa} \ln \left[\frac{E \cdot x_p \cdot (C_\mu^{1/2} \cdot k_p)^{1/2}}{\nu} \right] \tag{3.4.7}$$

E：经验常数（=9.0）[–]

k_p：x_p 处的湍流动能 k

包含粗糙度长度 z_0 的对数法则用式（3.4.8）表示。

$$\frac{\langle u_p \rangle}{(\langle \tau_w \rangle / \rho)^{1/2}} = \frac{1}{\kappa} \ln \left(\frac{x_p}{z_0} \right) \tag{3.4.8}$$

- 假设 $(\langle \tau_w \rangle / \rho)^{1/2} = u_* = C_\mu^{1/4} k^{1/2}$，$z_0$ 的取值可用式（3.4.9）估计。

$$z_0 = \frac{x_p}{\exp \left(\dfrac{\kappa \langle u_p \rangle}{C_\mu^{1/4} k_p^{1/2}} \right)} \tag{3.4.9}$$

$$\kappa = 0.4, \quad C_\mu = 0.09$$

- 应采用符合模拟对象的地表和壁面实际情况的边界条件。例，光滑的壁面可采用光滑面的对数定律 [式（3.4.6）]。此外，若地表粗糙程度可用粗糙度长度 z_0 表示，则应采用包含 z_0 的对数定律 [式（3.4.8）]，以考虑地表粗糙的影响。

- 当考虑从周边建筑物范围的外边缘到计算区边界这一区域内的建筑物群的流体力学阻力时，可采用粗糙度长度 z_0。但是这种情况应当注意建筑物墙面和地表面的处理有所不同。

（2）湍流动能 k 及其耗散率 ε

- 设置地表法线方向的湍流动能梯度为零，求解 k 的传输方程。

- 湍流动能耗散率 ε 的边界条件设置通过赋予壁面第一层网格的 ε 进行。壁面第一层网格的 ε 常根据第一层网格的 k 的值通过式（3.4.10）计算。

$$\varepsilon_p = \frac{C_\mu^{3/4} k_p^{3/2}}{\kappa x_p} \tag{3.4.10}$$

ε_p：壁面第一层网格的 ε

3.5 收敛条件

- 在求稳态解时，需要确认结果充分收敛后再停止计算。为此，需要监视所关心位置的各种量，叠合不同计算步的风廓图，将其可视化，以确认结果是否变化。

- 通用代码的默认收敛判定条件有时并不十分严格，因此应进一步严格设定收敛判定条件，确认模拟结果不再变化。

- 应确认迭代计算中止条件的残差是绝对量还是相对量。
- 用残差向量的范数进行收敛判定时，最好确认是否存在局部残差较大的网格。
- 计算发散或不收敛时，可以检查以下几点。
  - 是否发生了卡门涡那样的周期性变动。
  - 计算网格的长宽比或 grid stretching ratio 是否过大。
  - 数值解法的松弛系数是否过大。

3.6　计算时间

- 稳态模拟通常模拟直到达到稳定状态，即继续进行模拟其结果也基本不再发生变化的状态。
- 进行非稳态模拟时，需要进行时间平均处理，计算出平均值和其他统计量。平均时间过短的话，所得统计值的不确定性较大，故而应当确保平均时间足够长，使得所需统计量的变化较小。

第 4 章　使用湍流模型的 LES 模拟方法指南

4.1　湍流模型

- 使用可以表现亚格子尺度（subgrid scale：SGS）应力效果的湍流模型。但是，当实施的 LES 具有足够的网格分辨率时一般受 SGS 应力模型的影响较小。

- 标准 Smagorinsky 模型稳定性较好，常应用于许多工程流场的预测。将标准 Smagorinsky 模型应用于建筑物周边气流时，Smagorinsky 常数经常设置为 C_s=0.10 ~ 0.12。但是，标准 Smagorinsky 模型无法考虑壁附近的湍流衰减效果，所以需要使用与壁面坐标对应的衰减函数来降低壁面附近的 SGS 涡黏性系数。

- 模拟湍流场复杂的城市街区时，动态确定 Smagorinsky 常数的 dynamic SGS 模型有时比场的物理量更合适。dynamic SGS 模型可以体现壁面附近 SGS 涡黏性系数的衰减，因此不再需要特别添加衰减函数。

- 但是，dynamic SGS 模型有时会得到负的 SGS 涡黏性系数，因此从确保计算稳定性的观点出发，实际操作时经常将周围区域网格的 Smagorinsky 常数进行空间平均作为目标网格的值，或者直接将 Smagorinsky 常数的下限规定为 0。

- 当使用从未进行过建筑周边气流模拟案例的新湍流模型时，应事先实施基准案例测试，确认可以得到与以往模型相同程度的结果。

4.2　计算网格

- 在 LES 中，小于 SGS 的湍流被模型化。此外，很多 SGS 涡黏性模型是基于小尺度湍流的普遍关系为前提建立的。因此，若网格尺度过大会导致模型增加缺乏物理意义的涡黏性。这一点必须注意。

- 目标建筑及其周边风速的评价点所包含的范围内，最好能保持目标建筑特征边长的 1/20（0.5~5.0m 左右）以下的网格分辨率。

- 使用脉动风作为流入边界条件时，在流入边界面附近，为了不使脉动风的湍流性质发生过多变化，应使用比流入脉动风的湍流长度的尺度小一个数量级以上的计算网格。

- 目标建筑物周边的评价区域范围内，最好将 grid stretching ratio 控制在 ±10% 以内。相比之下，外部区域也最好控制在 ±30% 以内。如果放大率过大，界面上可能会发生数值振荡。

- 八叉树法等细化多面体元素的网格生成方法可以快速生成收敛性较好的网格形状元素，但是在网格分辨率变化的界面处容易产生数值振荡，因此要格外注意界面处结果的变化。

- 除平均值外，在评价脉动成分时，应采用更精细的计算网格 [网格的总数为 3.4（$=1.5^3$）倍左右的程度] 进行模拟，确认平均风速和二阶湍流统计量等不会发生较大的变化。

4.3　离散化方法

4.3.1　空间格式

- 在 LES 中，GS 以上的尺度是直接模拟的，因此离散化误差对于 SGS 应力而言有时不可忽视，需要充分注意空间格式的精度。

（1）对流项格式

- 优选使用二阶精度以上的中心差分。

- 在实际应用中，很多情况下二阶精度中心差分可以在结果中观察到数值振荡，所以需要采用如通过中心差分和迎风差分的加权平均来计算对流项等方法。使用迎风差分时数值黏性导致的湍流衰减效果取决于风速和计算网格，因此应分析对象流场特征点的脉动分量功率谱等，确认是否再现了所需要的高频成分。在迎风差分动态混合的格式中，应该确认风上差分的混合比例是否局部变大。

- 单独使用三阶精度以上的迎风差分时，与上述情况相同，应在使用时注意数值黏性的大小。

- 二阶精度以下的迎风差分，数值黏性大，不能充分再现湍流，因此不应该单独使用。

（2）扩散项格式

- 使用二阶精度以上的中心差分。

4.3.2　时间格式

- 最好使用二阶精度以上的时间格式。

4.4　边界条件

4.4.1　流入边界条件

- 使用合适的流入脉动风，该脉动风应考虑了在流入边界面附近城市街区上空形成的边界层流的湍流脉动。

- 在有风洞实验或观测结果的情况下，应比较平均风速、湍流统计量、湍流长度尺度，确认流入风特性是否满足要求。
- 在模拟一般的城市街区气流时，根据不同等级的地表面粗糙程度生成对应流入脉动风的场合，可参考日本建筑学会建筑物荷载指南及解说 [3] 中与风荷载计算规定的粗糙度分类相对应的平均风速分布、主流方向的湍流强度、湍流长度尺度（与主流方向湍流的纵向相关对应的积分长度尺度）等。平均风速分布、主流方向的湍流强度可参考第 3.4.1 节。湍流的长度尺度 L_x 用式（4.4.1）表示。

$$L_x(z) = 100\left(\frac{z}{30}\right)^{0.5}$$

（4.4.1）

4.4.2　流出边界条件
- 采用对流型边界条件或自由流出条件（梯度为零）。
- 采用对流型边界条件时，若流入量和流出量无法取得平衡，需要进行流量修正。

4.4.3　高空、侧面边界条件
- 设置为 slip 型壁面。当再现风洞实验时，可以在再现风洞剖面形状的基础上，赋予固体壁面边界条件。

4.4.4　壁面边界条件
- 实际应用中，难以将所有区域所有时间的黏性底层都设置在第一层网格，所以建议根据第一层网格的壁面坐标，采用将 no-slip 条件和对数法则分开处理的 2 层模型，或者将这些条件平滑连接的模型（Spalding 壁面法则）。

4.5　收敛条件

- 将速度发散（连续性方程）的值设为比网格的速度除以网格的特征长度的值小几个数量比较好 [5]。
- 但是，用 SMAC 法和 PISO 法求解泊松方程计算压力修正量时，由于残差向量的收敛条件和速度的发散程度不一致，需要另外确认速度的发散。

4.6　计算时间

（1）助跑模拟
- 在求统计上稳定的解时，要确保足够长的计算时间，以消除对初始值的依赖性。最好获取待评价区域的迎风区、剥离区、建筑物后方等几个地点的时序列数据，确认到初始值的影响足够小的时间为止。

（2）平均时间

- 助跑模拟之后，进行平均化所要求时长的计算，以取得平均值和其他统计量。若平均时间过短得到的统计值不确定性较大，因此要确保充足的平均时间，直到必要的统计量变化足够小。

第 5 章　不同模拟条件对模拟结果影响的研究案例

5.1　1 ∶ 1 ∶ 2 单体建筑模型的周边流场（LES）

5.1.1　模拟条件与模拟方法

（1）模拟对象

以已作为验证用数据库在 Web 上公开的 Case H 的风洞实验为对象，重新进行了风洞实验，以取得 LES 所需的各种统计量。风洞剖面为 1.2m（W）×1.0m（H）。根据建筑物高度和流入边界处该高度的平均风速计算出的雷诺数约为 4.5×10^4。测量点如图 5.1.1 所示，在建筑物中心轴位置（$y/H=0$）上设置了 181 点个，在 $z/H = 1/16$ 的水平剖面上设置了 150 个点。风速采用包含 Split–fiber probe（x 方向分量：DANTEC55R55，y 方向分量：55R57，z 方向分量：55R56）的 Hot Wire Anemometry（DANTEC 90C10）进行测量。

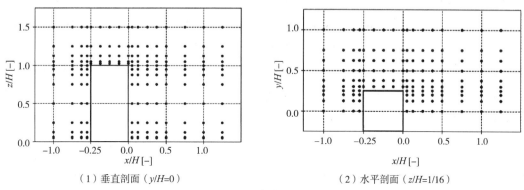

（1）垂直剖面（$y/H=0$）　　　　　　　　（2）水平剖面（$z/H=1/16$）

图 5.1.1　风洞实验的测量点分布

（2）模拟概况

模拟软件采用 OpenFOAM v1606+[6]。下文列举基本算例的模拟条件。计算网格如图 5.1.2 所示，按建筑宽度分割为 20 个网格，以从建筑墙面及风洞侧面、顶面以小于 8% 的放大率放大的正交网格为基本网格（以下称为 Grid 20）。Subgrid scale（SGS）模型采用标准 Smagorinsky 模型[7]（以下简称 S 模型），Smagorinsky 常数 C_s 为 0.12。对流项差分格式采用消除数值震荡的线性插值。该方法以二阶精度线性插值（二阶精度中心差分）为基础，当产生数值振荡的分布时，混合一阶精度迎风插值（一阶精度迎风差分）。其在 OpenFOAM 中作为

filteredLinear2V 模块提供（详见参考文献 [8] 的附录）。本次模拟一阶精度迎风插值的最大混合率设定为 40%。壁面边界条件使用了 Spalding 法则[9]。压力和速度耦合应用 PISO 方法[10]，压力修正泊松方程以标准化残差 1.0×10^{-7} 为目标进行迭代计算，时间步长为 1.0×10^{-4} s，时间差分格式为二阶精度的隐式解法。

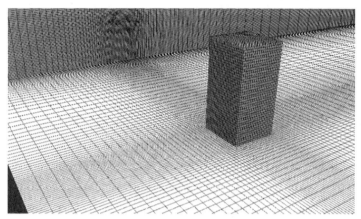

图 5.1.2 基本算例（Grid20）的计算网格（从流入边界面一侧观察建筑）

测试算例的设置一览如表 5.1.1 所示。将基本算例设为 Case-0，同时变化各种计算条件实施了多个算例模拟。在表 5.1.1 的 Case-1 组中，研究了将建筑物宽度分割为 10 个网格的 Grid10 和分割为 40 个网格的 Grid40。Grid10 和 Grid40 的墙面向外的放大率与 Grid20 相同也控制在 8% 以下。Case-2 组改变了对流项差分格式的二阶精度线性插值（Linear）和一阶精度迎风插值（Upwind）的混合比例。Case-3 组除了 Case-0 的标准 Smagorinsky model[7]（S model）之外，还改变了 SGS 模型，采用了 Dynamic Smagorinsky model[11, 12]（DS model）、WALE model[13]、Coherent Structure Smagorinskymodel[14]（CS model）。在 Case 4-tol1e-2 中，PISO 方法的收敛判定容许残差设定为 1.0×10^{-2}，比 Case-0 更为宽松。

模拟算例 表 5.1.1

算例名称	SGS 模型	对流项差分格式	网格
Case-0	S（$C_s = 0.12$）	filteredLinear2V	Grid20
Case-1-Grid10	S（$C_s = 0.12$）	filteredLinear2V	Grid10
Case-1-Grid40	S（$C_s = 0.12$）	filteredLinear2V	Grid40
Case-2-linear	S（$C_s = 0.12$）	Linear	Grid20
Case-2-linear0.95	S（$C_s = 0.12$）	Linear 95%+Upwind 5%	Grid20
Case-2-linear0.90	S（$C_s = 0.12$）	Linear 90%+Upwind 10%	Grid20
Case-2-linear0.80	S（$C_s = 0.12$）	Linear 80%+Upwind 20%	Grid20
Case-2-linear0.60	S（$C_s = 0.12$）	Linear 60%+Upwind 40%	Grid20
Case-2-upwind	S（$C_s = 0.12$）	Upwind	Grid20

算例名称	SGS 模型	对流项差分格式	网格
Case–3–C_s0.10	S（$C_s = 0.10$）	filteredLinear2V	Grid20
Case–3–C_s0.17	S（$C_s = 0.17$）	filteredLinear2V	Grid20
Case–3–DS	DS	filteredLinear2V	Grid20
Case–3–WALE	WALE	filteredLinear2V	Grid20
Case–3–CSM	CS	filteredLinear2V	Grid20
Case–3–laminar	No model	filteredLinear2V	Grid20
Case–4–tol1e–2	S（$C_s = 0.12$）	filteredLinear2V	Grid20

　　所有算例在完成 30s 的助跑模拟后，进行了 60s 的正式模拟，以取得各种湍流统计量。事先进行了风洞实验的气流模拟，完整地再现了风洞的接近流生成部分的尖劈、粗糙体块等的形状和布置，按照与正式模拟的流入边界面相同的位置以 1.0×10^{-3} s 的时间间隔获取了流入脉动风。将其在时间和空间上进行插值，作为正式模拟的流入边界条件给出。流入脉动风数据和在其获取位置处的实验结果的比较如图 5.1.3 所示。平均风速的再现程度非常好。雷诺应力

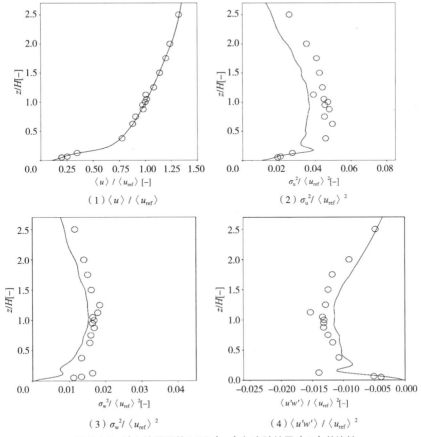

（1）$\langle u \rangle / \langle u_{\text{ref}} \rangle$　　　　　　（2）$\sigma_u^2 / \langle u_{\text{ref}} \rangle^2$

（3）$\sigma_w^2 / \langle u_{\text{ref}} \rangle^2$　　　　　　（4）$\langle u'w' \rangle / \langle u_{\text{ref}} \rangle^2$

图 5.1.3　流入边界面的 LES（—）与实验结果（○）的比较

略小于实验值，但根据 Pope[15]，若 LES 中 80% 以上的湍流动能能在网格尺度上再现就已经足够。结果显示流入脉动风数据也能再现实验中的二阶湍流统计量。

5.1.2　模拟结果

各物理量均以建筑高度 H 及流入边界面处建筑高度的平均风速〈u_{ref}〉进行无量纲化。LES 的湍流统计量仅根据风速的 Grid scale 成分计算。

（1）计算网格的影响

通过比较使用网格为 Grid 10、Grid 20 以及 Grid 40 的计算结果（Case-1-Grid 10、Case-0 和 Case-1-Grid 40），分析了模拟结果对网格的依赖性，同时进行了 Grid 20 的结果与实验的比较，研究了使用 Grid 20 基本算例的妥当性。

表 5.1.2 显示了 Hit rate 及 FAC2[16] 的评价结果。关于所使用的 Metric 可参阅第 2 篇第 11 章。根据 VDI guideline[17]，Hit rate 取 $q > 0.66$ 及 FAC2 > 0.5 是保证模拟质量的基准，Case-0（Grid20）及 Case-1-Grid40 中，平均风速、二阶湍流统计量均满足 VDI guideline 的标准。而 Case-1-Grid 10 的二阶湍流统计量中无论哪个方向的正应力，Hit rate 都不满足 $q > 0.66$。可以认为这是由于建筑物角部和建筑物后方的 Wake 内的网格分辨率较差，无法充分再现脉动成分。

各统计量的 Hit rate（q）及 FAC2　　　　表 5.1.2

Case	〈u〉 q	〈u〉 FAC2	〈v〉 q	〈v〉 FAC2	〈w〉 q	〈w〉 FAC2	〈u^2〉 q	〈u^2〉 FAC2	〈v^2〉 q	〈v^2〉 FAC2	〈w^2〉 q	〈w^2〉 FAC2	TKE q	TKE FAC2
Case-0	0.80	0.92	0.98	0.98	0.82	0.86	0.76	0.99	0.78	1.00	0.73	0.85	0.81	0.95
Case-1-Grid10	0.80	0.90	0.99	0.99	0.73	0.83	0.60	0.95	0.63	0.98	0.64	0.76	0.63	0.93
Case-1-Grid40	0.80	0.92	0.99	0.98	0.81	0.86	0.80	1.00	0.82	1.00	0.70	0.89	0.85	0.97
Case-2-linear	0.78	0.91	0.99	0.99	0.81	0.86	0.72	0.95	0.79	1.00	0.73	0.87	0.79	0.97
Case-2-linear0.95	0.82	0.91	0.98	0.99	0.83	0.87	0.66	0.96	0.73	0.97	0.70	0.78	0.70	0.92
Case-2-linear0.90	0.83	0.92	0.98	0.98	0.83	0.87	0.60	0.91	0.69	0.92	0.60	0.72	0.58	0.89
Case-2-linear0.80	0.83	0.92	0.98	0.98	0.81	0.86	0.49	0.85	0.54	0.84	0.46	0.65	0.53	0.85
Case-2-linear0.60	0.76	0.89	0.99	0.97	0.81	0.84	0.38	0.79	0.38	0.71	0.21	0.38	0.40	0.72
Case-2-upwind	0.67	0.79	0.93	0.92	0.73	0.78	0.22	0.51	0.04	0.35	0.02	0.04	0.14	0.37
Case-3-Cs-0.10	0.80	0.92	0.97	0.98	0.81	0.86	0.75	0.99	0.80	1.00	0.73	0.86	0.82	0.96
Case-3-Cs-0.17	0.82	0.92	0.98	0.98	0.81	0.87	0.74	0.94	0.76	0.98	0.75	0.84	0.76	0.92
Case-3-DS	0.80	0.92	0.97	0.98	0.80	0.86	0.74	0.99	0.85	1.00	0.71	0.89	0.85	0.98
Case-3-WALE	0.79	0.92	0.98	0.98	0.81	0.87	0.76	0.99	0.87	1.00	0.75	0.89	0.85	0.99
Case-3-CSM	0.80	0.92	0.98	0.98	0.81	0.87	0.76	0.99	0.86	1.00	0.74	0.89	0.86	0.98
Case-3-laminar	0.80	0.92	0.98	0.98	0.80	0.86	0.66	0.95	0.87	1.00	0.74	0.91	0.81	0.99
Case-4-tolle-2	0.81	0.92	0.98	0.98	0.82	0.86	0.76	0.98	0.76	1.00	0.74	0.86	0.81	0.94

注：下划线标识的数值不满足 VDI guideline[16] 中的 $q > 0.66$ 或 FAC2 > 0.5 的基准值。

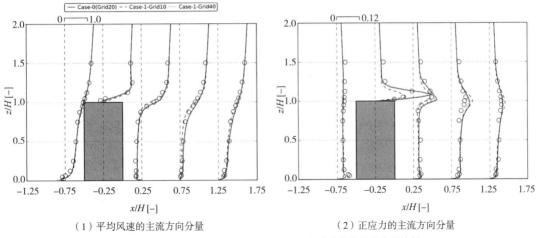

（1）平均风速的主流方向分量　　　　　　　　　　　（2）正应力的主流方向分量

图 5.1.4　不同计算网格条件下各物理量主流方向分量的变化比较

　　图 5.1.4 显示了建筑物中心轴位置（y/H=0）的垂直（x-z）剖面中平均风速及正应力的主流方向分量的变化。Case-0（Grid20）与 Case-1-Grid40 的结果基本一致，在建筑前方的碰撞区、屋顶面附近的剥离区和建筑后方的弱风区内，与实验结果也吻合较好。Case-1-Grid10 的平均风速也与基本算例 Case-0（Grid20）接近，可基本再现实验结果。另外，在屋顶面附近的剥离区中，Case-1-Grid 10 的正应力被低估，只达到基本算例 Case-0（Grid20）的一半左右。这可能是由于剥离区中的网格数不够，无法正确再现剥离区中的速度梯度，以至无法产生适当的湍流。在屋顶面附近剥离区的下风侧 x/H = 0.75，1.25 位置的建筑物高度附近，Case-1-Grid10 的正应力比其他算例大。这是由于剥离剪切层中的网格分辨率不够，导致由于 SGS 黏度引起的动能耗散被低估，Grid scale 的脉动无法被适当地耗散，而是向下风侧方向运动。Gousseau et al.[18] 实施的 1∶1∶2 单体棱柱周边气流的 LES 也报告说，将建筑物宽度均匀地划分为 20 个网格（与本研究的 Grid20 的网格分割类似），可以恰当地预测二阶湍流统计量，这与本研究的结果一致。对流项差分格式采用了动态去除数值振荡的 filteredLinear2V 方案，在建筑物迎风侧剥离区附近，迎风差分的混合比例为 5%~10% 左右，在其他区域为小于 5% 以抑制迎风差分保持在最低混合比例。综上，使用基本算例 Case-0 的计算条件可以很好地再现 1∶1∶2 单体建筑物周边的流场（平均流和二阶湍流统计量）。后文将改变基本算例的对流项离散格式、SGS 模型、收敛条件等进行模拟，并分析其影响。

　　（2）对流项差分格式的影响

　　在 RANS 模型中，很多时候迎风差分格式引起的数值黏性比涡黏性的影响更小，除了单独使用一阶精度的迎风差分以外，数值黏性的效果对解的影响也比较小。另外，LES 中使用迎风差分时，SGS 涡黏性和数值黏性的影响程度相当，甚至数值黏性影响更大的情况也时有发生。因此，在本节使用 Grid 20 计算网格，二阶精度中心差分和一阶精度迎风差分的混合比例进行变化，模拟分析数值黏性的效果对模拟结果的影响程度。

　　图 5.1.5 显示建筑物中心轴位置（y/H=0）的垂直（x-z）剖面的平均风速及正应力的主流

方向分量变化。除单独使用一阶精度迎风差分的 Case-2-upwind 外，平均风速与实验值及基本算例 Case-0 基本一致。正应力方面，中心差分的 Case-2-linear 和混合 5% 迎风差分的 Case-2-linear0.95 与基本算例较为一致，建筑屋顶的剥离区内也很好地再现了实验结果。当迎风差分的混合比例增大到 20%、40% 时，屋顶剥离区的值迅速减小。在建筑物后方的 $x/H = 0.25$ 区域，单独使用迎风差分的 Case-2-upwind 的正应力比其他算例小，可能是由于数值黏性的影响，卡门涡引起的周期性变化被低估。受此影响，建筑物后方的主流正交方向动量扩散无法恰当再现，数值黏性的影响越大，剥离区越大，$x/H = 0.75$ 的平均风速显示，Case-2-upwind 仍为负值。除此之外，混合 40% 迎风差分的 Case-2-linear0.60 也显示出比其他算例更慢的风速恢复。Case-2-linear 可以获得与基本算例相同程度的屋顶面和建筑后方循环流内的正应力，但在建筑高度的迎风侧墙面附近，正应力由于数值振动的影响而变大。

表 5.1.2 的 Hit rate 及 FAC2 显示，随着迎风差分的混合比例增加，与二阶湍流统计量相关的指标值变小，正应力的垂直成分的 $\langle w'^2 \rangle$ 的数值显著减小。混合 5% 迎风差分的 Case-2-linear0.95 中无论哪个分量的正应力都与基本算例的值程度相同。

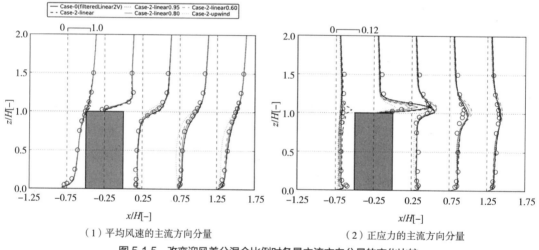

（1）平均风速的主流方向分量　　　　　　　（2）正应力的主流方向分量

图 5.1.5　改变迎风差分混合比例时各量主流方向分量的变化比较

（3）SGS 模型的影响

本节改变标准 Smagorinsky 模型（S model）的模型常数进行模拟（$C_s = 0.10$，0.12，0.17），同时导入各种 SGS 模型（除 S 模型之外，还引入 DS、WALE 和 CS 模型）以及不添加 SGS 模型的模拟，基于 Grid20 计算网格分析 SGS 模型对结果的影响。

图 5.1.6 显示了在 S model 中改变模型常数 C_s 时建筑物中心轴位置（$y/H=0$）的垂直（x-z）剖面上平均风速和正应力的主流方向分量变化。表 5.1.2 的 Hit rate 及 FAC2 显示，$C_s = 0.17$ 的 Case-3-C_s0.17 虽然比其他 2 个算例的值稍小，但都超过了评价基准值。

图 5.1.7 显示了各种 SGS 模型的比较结果。与改变 C_s 的情况相同，SGS 模型的差异导致的结果差异非常小。未添加 SGS 模型的 Case-3-laminar 除了建筑物前方区域中主流方向的正

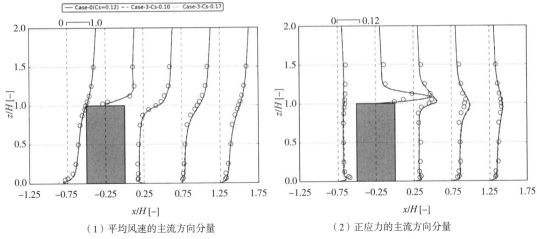

（1）平均风速的主流方向分量　　　　　　　　　（2）正应力的主流方向分量

图 5.1.6　改变模型常数 C_s 时各物理量主流方向分量变化的比较

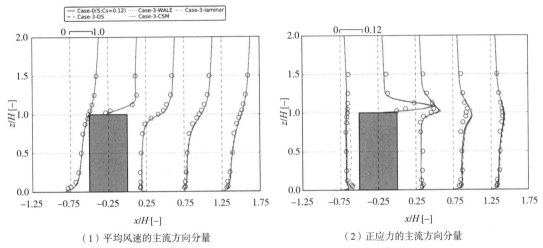

（1）平均风速的主流方向分量　　　　　　　　　（2）正应力的主流方向分量

图 5.1.7　改变 SGS 模型时各物理量主流方向分量变化的比较

态应力被高估之外，与实验结果基本一致。这可能是由于对流差分格式使用了动态去除数值振荡的 filteredLinear2V 方案，迎风差分的混合比例变大。换言之，由于迎风差分产生的数值黏性疑似起到 SGS 黏性的效果，因此即使在不添加 SGS 模型的 Case-3-laminar 中也可以得到与实验结果比较接近的结果。因此，虽然在使用动态去除数值振荡的差分格式时需要注意，但只要使用适当的 SGS 模型，用与本计算相同程度的网格分辨率时，与对流项差分格式相比，可以认为 SGS 模型的差异对结果的影响较小。

（4）压力与速度耦合时收敛条件的影响

在应用了将压力场和速度场耦合的 PISO 方法的基本算例 Case-0 中，关于压力修正量的泊松方程的标准化残差以 1.0×10^{-7} 为目标进行迭代计算。与此相对，在 Case4-tol1e-2 将容许残差更改为 1.0×10^{-2}，与 Case-0 进行比较。

表 5.1.2 的 Hit rate 及 FAC2 显示，Case4-tol1e-2 的平均风速、湍流统计量均与 Case-0 程度相同。图 5.1.8 显示了平均风速及正应力的主流方向分量变化。该结果显示两个算例的差异

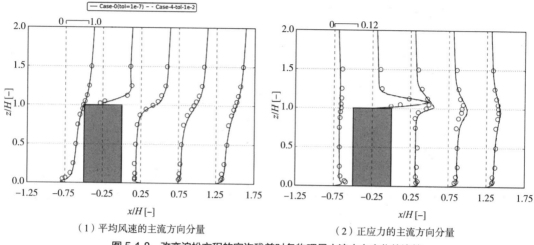

（1）平均风速的主流方向分量　　　　　　　（2）正应力的主流方向分量

图 5.1.8　改变泊松方程的容许残差时各物理量主流方向变化的比较

极小。梶岛[5] 认为，速度的发散（连续性方程）与将该点的速度范数除以计算格子宽度得到的值相比小几个数量级是收敛条件的一个标准。Case4-tol1e-2 中，速度的发散减小了约 4 个位数，即使容许残差放松到 1.0×10^{-2}，也可以判断为充分满足了连续性方程。泊松方程的迭代计算是流体计算中极大的计算负荷，容许残差的松弛直接关系到计算时间的缩短。从 LES 的实用性的观点来看是极其重要的。根据不同的流场，不追求过小的容许残差，从 LES 的实用性的观点而言非常重要。

5.1.3　小结

我们以 Case H 的 1∶1∶2 单体建筑物模型周边流场为对象，通过改变各种计算条件实施了 LES 基准测试，系统分析了计算条件的差异对结果的影响，得出以下结论：

- 通过将建筑物宽度划分为 20 等分的网格或更细，则在建筑物迎风角部产生的剥离流区域也能得到与风洞实验非常一致的平均流和二次湍流统计量结果。
- 使用将建筑物宽度划分为 20 等分的网格时，对流项差分格式采用局部添加了数值黏性的 filteredLinear2V 方案，并设置为二阶精度中心差分混合 5% 的一阶迎风差分格式，可得到与风洞实验较为吻合的结果。
- 在本次模拟中，除了不使用 SGS 模型的算例以外，其余使用不同 SGS 模型的算例之间结果差异很小。在使用可动态去除数值振动的对流项差分格式时，即使采用不恰当的 SGS 模型或甚至不使用 SGS 模型，也可能发生数值黏性疑似替代性地产生了 SGS 黏性的效果。这一点需要十分注意。
- 在使用作为压力 – 速度耦合方法的 PISO 算法时，其容许残差比基本算例 Case-0 的 1.0×10^{-7} 大 5 个数量级（即容许残差为 1.0×10^{-2}）时，其结果与基本算例的差异很小。泊松方程的反复迭代计算在流体计算中是很大的计算负荷，因此容许残差的放松直接关系到计算时间的缩短，所以在实际运用 LES 模拟时，设定适当的容许残差极为重要。

5.2　伴有气体排放的单体建筑模型周边的浓度场（RANS）

5.2.1　模拟条件与模拟方法

（1）模拟对象

本模拟选择已经作为验证用数据库在 Web 上公开的下述 2 类风洞实验结果为模拟对象（图 5.2.1，表 5.2.1）。

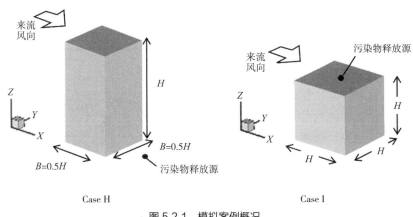

图 5.2.1　模拟案例概况

- Case H：1∶1∶2 棱柱建筑模型、后方地面气体释放[19]

http：//www.wind.arch.t-kougei.ac.jp/info_center/pollution/Isothermal_Flow.html

- Case I：立方体建筑模型、屋顶面气体释放[20]

https：//unit.aist.go.jp/emtech-ri/ci/research_result/db/01/db_01.html

各案例的实验条件　　　　　　　　　　　　　　　　　　　　表 5.2.1

	Case H	Case I
H（建筑物高度）[m]	0.20	0.10
U_H（$z = H$ 处的流入风速）[m/s]	4.2	1.7
Re（$= U_H H/v$）[-]	54000	11000
Q_e（气体释放流量）[m^3/s]	5.83×10^{-6}	1.36×10^{-5}
z_0（粗糙度长度）[m]	2.0×10^{-7}	6.0×10^{-5}

（2）模拟软件

采用 ANSYS Fluent 14.5 进行了各种模拟条件对结果影响的分析。另外，基于 Case H 的标准条件，比较了自编代码（东北大学）和 OpenFOAM 2.1.1 的模拟结果。根据以往研究，湍流模型采用了可优异再现剥离性状、同时在商用软件中广泛搭载的 Realizable k-ε 以模型[21]为标准模型。

（3）模拟条件

根据日本建筑学会的著作[1]及本篇，流场模拟的标准条件设定如表 5.2.2。模拟区域及计算网格划分如图 5.2.2 所示。实验中气体释放口为圆形，CFD 将其模型化为正方形。按照与实验的气体释放量一致，设定了释放口面积和排出风速。与气体扩散相关的计算条件（表 5.2.3）在确定标准条件的基础上，与其他条件的结果进行分析比较，以讨论各种条件对结果的影响。关于接近流的湍流，很多时候风洞实验只测量主流方向的湍流强度，有几种方法据此估计湍流动能 k[1]。

标准模拟条件（流场）　　　　　　　　　　　　　　　　表 5.2.2

模拟区域	参照图 5.2.2
计算网格划分	
流入边界	依据风洞实验的流入条件拟合的风廓线分布近似式（U，k，ε）
侧面、高空边界	对称条件
地表面	采用的对数法则，z_0 依据流入风廓线求得（表 5.2.1）
建筑墙面边界	光滑表面对数法则
流出边界	零梯度边界
对流项差分格式（风速，k，ε）	QUICK
湍流模型	Realizable k-ε 模型[21]
压力·速度求解器	SIMPLE（仅在自编代码中使用 HSMAC）

扩散相关模拟条件（○为标准条件）　　　　　　　　　　表 5.2.3

气体释放口的网格分辨率	1 个网格，○ 2 个网格，3 个网格
气体释放口的湍流强度	○有湍流（湍流强度 I：5%，长度尺度 $l = \kappa\,0.5D$，D 为释放口直径，κ 为卡门常数），无湍流
接近流的湍流动能 k	实验值的 0.5 倍，○实验值，实验值的 1.5 倍
对流项差分格式（浓度）	○ QUICK，一阶精度迎风差分
湍流施密特数	0.5，○ 0.7，0.9

5.2.2　模拟结果：Case H（1∶1∶2 棱柱建筑后方地面气体释放）

（1）流场的比较

标准条件（H-F2-S；算例名参照表 5.2.4）下的平均风速 U 及湍流动能 k 与实验的比较如图 5.2.3、图 5.2.4 所示。与以往所指出的相同，在剥离区的风速增大区域，CFD 的预测精度较高。另外，在建筑物后方的循环流区域，k 的结果偏小，而回流风速结果偏大。

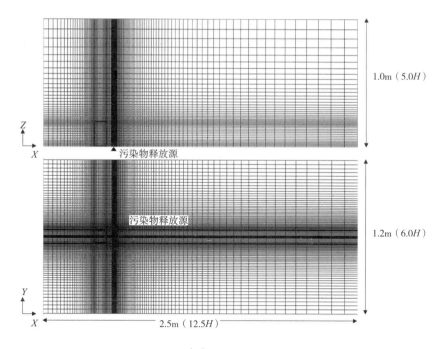

（1）Case H

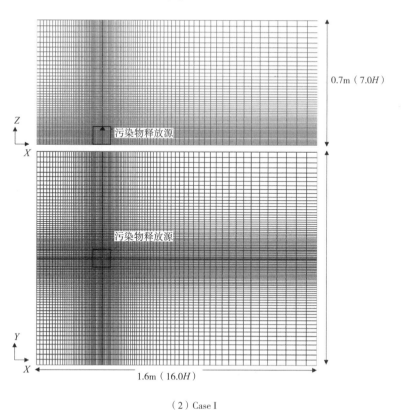

（2）Case I

图 5.2.2　指定的模拟区域及计算网格划分

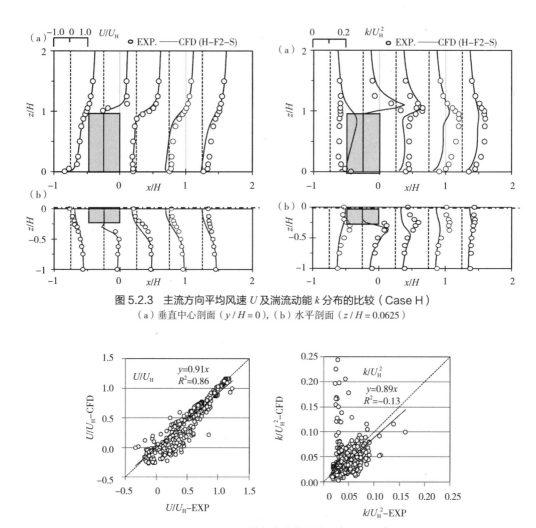

图 5.2.3　主流方向平均风速 U 及湍流动能 k 分布的比较（Case H）

（a）垂直中心剖面（$y/H=0$），（b）水平剖面（$z/H=0.0625$）

图 5.2.4　CFD 预测值与实验值的关系（Case H）

（2）浓度场的比较

　　为了总览稳态 RANS 模型预测浓度的分布趋势，图 5.2.5 显示了基于平均浓度分布标准条件（H–F2–S）的模拟与风洞实验结果。与既往研究结果相同，CFD 低估了向下游方向的扩散，而增大了从排出口到建筑物背面的浓度。虽然省略了附图，但各算例的整体浓度分布趋势几乎相同。表 5.2.4 列出了扩散相关算例一览和精度验证 Metric（参见第 2 篇第 11 章）的评价结果。各算例中关注的参数以下划线标示。接近流的 k 及湍流施密特数对浓度分布的影响如图 5.2.6 所示。不同场所的浓度差异非常大，故有点难以理解，但接近流的 k 为 0.5 倍的算例（H–F2–I05）中，峰值浓度略大。此外湍流施密特数较小时浓度峰值被稍微低估。整理各计算条件对结果的影响大致如下。

　　①气体释放口的网格划分数：排出口的网格划分对结果几乎没有影响。但是通过细化计算网格发现解的收敛性有恶化的趋势。这可能是因为在远离出口的区域，计算网格的纵横比变得过大。

②气体释放口的湍流：是否在释放口设置湍流对结果几乎没有影响。

③接近流的湍流：当接近流的湍流动能 k 比实际情况小时，结果受到较大影响，与实验结果的吻合性变差。

④浓度对流项差分格式：在本模拟对象中，几乎看不到浓度对流项差分格式的影响。

⑤湍流施密特数：在本次研究的计算条件中，对结果的影响最大。如参考文献 [22] 所指出，若给定的湍流施密特数过小，湍流扩散效果将会偏大，FB 和 NMSE 等表示预测值平均偏差的指标有所提高。但是，如图 5.2.6 所示，气体释放口下风侧的浓度结果偏低，结果的吻合性恶化。

各算例的计算条件及浓度的 Metrics 计算结果（Case H）　　　表 5.2.4

算例	气体释放口网格划分数	气体释放口湍流	接近流 k	浓度对流项差分格式	湍流施密特数	浓度的 Metrics		
						FAC2	FB	NMSE
H–F2–S（标准）	2	有	k_{exp}	QUICK	0.7	0.51	−0.37	10.32
H–F1–S	1	有	k_{exp}	QUICK	0.7	0.52	−0.32	9.92
H–F2–I05	2	有	$0.5k_{exp}$	QUICK	0.7	0.45	−0.37	11.63
H–F2–I15	2	有	$1.5k_{exp}$	QUICK	0.7	0.51	−0.36	9.66
H–F2–E0	2	无	k_{exp}	QUICK	0.7	0.51	−0.38	10.39
H–F2–UP	2	有	k_{exp}	一阶迎风	0.7	0.52	−0.35	10.26
H–F2–C05	2	有	k_{exp}	QUICK	0.5	0.53	−0.14	4.90
H–F2–C09	2	有	k_{exp}	QUICK	0.9	0.49	−0.53	16.21

注：k_{exp}= 湍流动能的实验结果；FAC2=Factor of two；FB=Fractional bias；NMSE = Normalized mean square error。

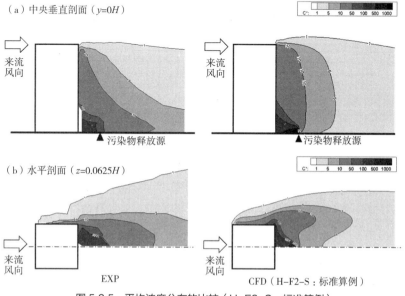

（a）中央垂直剖面（$y=0H$）

（b）水平剖面（$z=0.0625H$）

EXP　　　　　CFD（H–F2–S：标准算例）

图 5.2.5　平均浓度分布的比较（H–F2–S：标准算例）

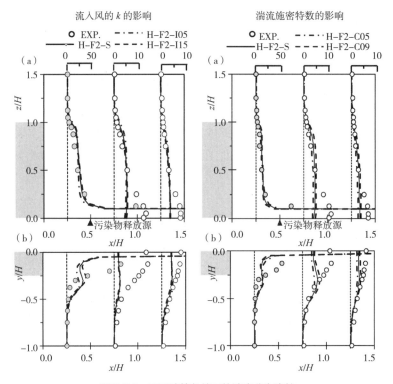

图 5.2.6　不同计算条件下的浓度分布比较
（a）中央垂直剖面（$y/H=0$），（b）水平剖面（$z/H=0.0625$）

5.2.3　模拟结果：Case I（立方体建筑屋顶面气体释放）

（1）流场的比较（图 5.2.7、图 5.2.8）

与 Case H 相同，强风区域的 CFD 预测结果（Case I-F2-S）与风洞实验结果非常吻合。CFD 对弱风区域的预测趋势也与 Case H 相同。

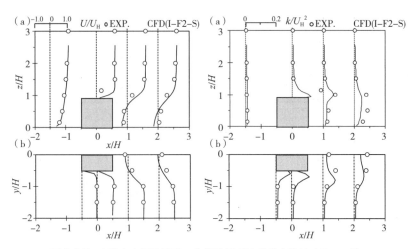

图 5.2.7　主流方向平均风速 U 和湍流动能 k 的分布比较（Case I）
（a）中央垂直剖面（$y/H=0$），（b）水平剖面（$z/H=0.5$）

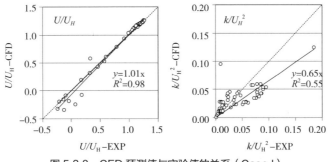

图 5.2.8　CFD 预测值与实验值的关系（Case I）

（2）浓度场的比较

标准条件算例（Case I-F2-S）的平均浓度分布模拟结果和风洞实验结果如图 5.2.9 所示。虽然没有建筑物附近浓度分布的实验结果，但建筑物后方的浓度分布趋势与实验结果吻合较好。模拟算例一览及 Metric 的评价结果共同显示于表 5.2.5。相比 Case H，所有算例的数值表现较好。换言之，RANS 模型的性能可能因所关注的流场或扩散场而有较大差异，这表明有必要根据不同的对象进行研究。Case I 的各种计算条件对结果的影响大致与 Case H 相同，差异在于 Case I 的浓度对流项差分格式的影响较大。这可能是因为气体是在包含剥离流区域的屋顶处释放，而不同的差分格式很容易在剥离流区域产生较大差异。在使用一阶精度迎风差分时，与减小湍流施密特数的情况一样，FB 和 NMSE 等指标提高，但浓度的峰值有低估的倾向。图 5.2.10 比较了湍流施密特数的差异对浓度分布的影响。

各算例的计算条件及浓度 Metrics 的计算结果（Case I）　　表 5.2.5

算例	气体释放口网格划分数	气体释放口湍流	接近流 k	浓度对流项差分格式	湍流施密特数	浓度的 Metrics		
						FAC2	FB	NMSE
I-F2-S（标准）	2	有	k_{exp}	QUICK	0.7	0.71	-0.22	0.93
I-F1-S	<u>1</u>	有	k_{exp}	QUICK	0.7	0.71	-0.21	0.90
I-F3-S	<u>3</u>	有	k_{exp}	QUICK	0.7	0.70	-0.20	0.77
I-F2-I05	2	有	<u>$0.5k_{exp}$</u>	QUICK	0.7	0.64	-0.19	1.88
I-F2-I15	2	有	<u>$1.5k_{exp}$</u>	QUICK	0.7	0.69	-0.18	1.12
I-F2-E0	2	<u>无</u>	k_{exp}	QUICK	0.7	0.67	-0.22	0.89
I-F2-UP	2	有	k_{exp}	<u>一阶迎风</u>	0.7	0.68	-0.13	0.65
I-F2-C05	2	有	k_{exp}	QUICK	<u>0.5</u>	0.68	0.02	0.32
I-F2-C09	2	有	k_{exp}	QUICK	<u>0.9</u>	0.69	-0.38	1.89

（3）计算软件间的比较

基于 Case H 的标准条件，使用 ANSYS Fluent、OpenFOAM 和自编代码（Selfdev.）3 款计算软件进行模拟，其水平剖面（$z/H=0$）测量点处的模拟结果散布图比较结果如图 5.2.11 所

（a）中央垂直剖面（$y=0$）

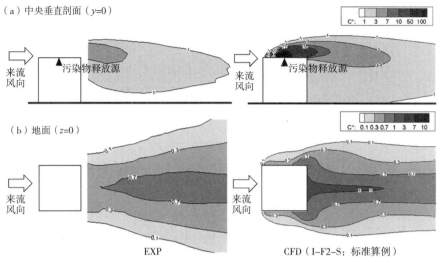

图 5.2.9　平均浓度分布的比较（Case I-F2-S：标准算例）

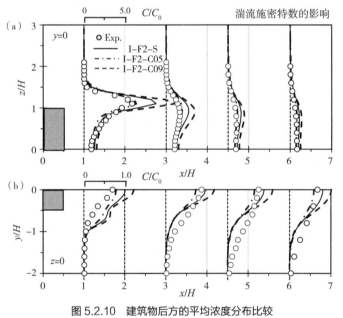

图 5.2.10　建筑物后方的平均浓度分布比较
（a）垂直剖面（$y/H=0$），（b）地面（$z/H=0$）

示。软件间的差异总体很小。尽管如本次模拟的基准条件设定可以使得软件之间的差异极其细微，但仍然可以观察到局部的湍流动能和浓度分布的差异。其原因可能包括各软件本身对边界条件处理的差异，这种差异并未在标准模拟条件中涉及。

5.2.4　小结

本节以单体建筑模型周边的气体扩散风洞实验为对象进行基准测试，研究了 RANS 模型的各种模拟条件对浓度分布预测结果的影响。只要遵循能正确再现流场的模拟指南中的模拟

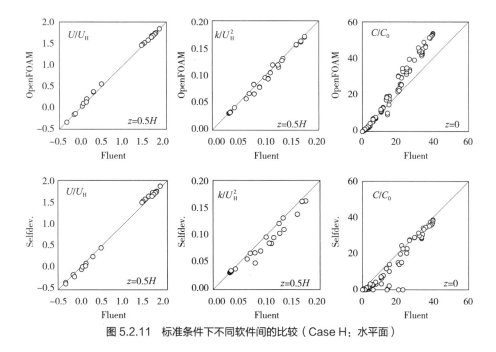

图 5.2.11　标准条件下不同软件间的比较（Case H：水平面）

条件，总体上可以确认关于扩散的计算条件对模拟结果的影响很小。既往研究 [16, 23] 使用的基于 Metrics 的定量评价结果如表 5.2.4、表 5.2.5 所示。从建筑物屋顶排出气体的案例达到了既往研究判定标准内的精度。各种计算条件对模拟结果的影响总结如下。

- 如果计算网格足够精细能够再现流场，则气体释放口的网格划分数对浓度分布的预测结果几乎没有影响。需要注意当使用结构化网格过度细化气体释放口附近的网格时，在远离释放口的地方网格纵横比可能变大，并且求解的收敛性可能变差。
- 正确给出接近流的湍流特性对扩散场的预测也很重要。特别是当湍流动能比实际情况小时，浓度分布会产生较大差异。
- 在浓度的对流项离散格式中，一阶精度迎风差分有低估浓度峰值的倾向。与风速的对流项差分格式相同，建议采用二阶精度以上的方案。
- 湍流施密特数的变化对结果影响很大。若设定较小的湍流施密特数，可弥补建筑物下风向的动量扩散不足导致的浓度扩散不足这一稳态 RANS 模型的本质问题，从而整体结果与实验值的吻合度增高。但是，这有时会导致局部区域的过度扩散，同时浓度峰值相比实验值偏小。这种预测较为危险，需要十分注意。

参考文献

[1]　日本建築学会, 2007. 市街地風環境予測のための流体数値解析ガイドブック—ガイドラインと検証用データベース—. 日本建築学会.

[2]　Tominaga, Y., Mochida, A., Yoshie, R., Kataoka, H., Nozu, T., Yoshikawa, M., Shirasawa, T., 2008. AIJ guidelines for practical applications of CFD to pedestrian wind environment around buildings. J. Wind Eng. Ind. Aerodyn. 96, 1749–1761.

[3]　日本建築学会, 2015. 建築物荷重指針・同解説.

[4]　Yoshie, R., Mochida, A., Tominaga, Y., Kataoka, H., Harimoto, K., Nozu, T., Shirasawa, T., 2007. Cooperative project for CFD prediction of pedestrian wind environment in the Architectural Institute of Japan. J. Wind Eng. Ind. Aerod. 95 (9-11), 1551-1578.

[5]　梶島岳夫, 1999. 乱流の数値シミュレーション. 養賢堂.

[6]　OpenFOAM User Guide: http://openfoam.com, 2016.

[7]　Smagorinsky J., 1963. General circulation experiments with the primitive equations: I. The basic experiment. Mon. Weather Rev. 91 (3), 99-164.

[8]　小野浩己, 瀧本浩史, 道岡武信, 佐藤歩, 2015. 有限体積法に基づく Large Eddy Simulation のための対流項離散化スキームの検討. 日本建築学会環境系論文集, 80, 1143–1151.

[9]　de Villiers, E., 2006. Imperial College of Science Technology and Medicine. Ph.D. thesis, 80–81.

[10]　Issa, R.I., 1986. Solution of the implicitly discretised fluid flow equations by operator-splitting. J. Comput. Phys. 62, 40–65.

[11]　Germano M., 1992. Turbulence: the filtering approach. J. Fluid Mech. 238, 325-336.

[12]　Lilly D.K., 1992. A proposed modification of the Germano subgrid-scale closure method. Phys. Fluids A Fluid Dyn. 4, 633-635.

[13]　Nicoud F., Ducros F., 1999. Subgrid-Scale Stress Modelling Based on the Square of the Velocity Gradient Tensor. Flow Turbul. Combust. 62, 183-200.

[14]　Kobayashi, H., 2005. The subgrid-scale models based on coherent structures for rotating homogeneous turbulence and turbulent channel flow. Phys. Fluids 17, 045104.

[15]　Pope, S.B., 2000. Turbulent Flows. Cambridge University Press, Cambridge.

[16]　Schatzmann, M., Olesen, H., Franke, J., 2010. COST 732 model evaluation case studies: approach and results. COST Action.

[17]　VDI Guideline 3783 Part 9, 2005. Environmental meteorology - Prognostic microscale wind field models - Evaluation for flow around buildings and obstacles.

[18]　Gousseau, P., Blocken, B., Van Heijst, G.J.F., 2013. Quality assessment of Large-Eddy Simulation of wind flow around a high-rise building: Validation and solution verification.

Comput. Fluids 79, 120–133.

[19] 東 京 工 芸 大 学：http://www.wind.arch.t-kougei.ac.jp/info_center/pollution/ Isothermal_Flow.html.

[20] 産 業 技 術 総 合 研 究 所：https://unit.aist.go.jp/emtech-ri/ci/research_result/ db/01/db_01.html.

[21] Shih, T.H., Liou, W.W., Shabbir, A. et al., 1995. A new k-ϵ eddy viscosity model for high reynolds number turbulent flows. Comput. Fluids 24, 227-238.

[22] Tominaga, Y., Stathopoulos, T., 2007. Turbulent Schmidt numbers for CFD analysis with various types of flowfield. Atmos. Environ. 41, 8091-8099.

[23] CFD モデル環境アセスメント適用性研究会, 2013. CFD モデル(DiMCFD)による大気環境アセスメント手法ガイドライン. 大気環境学会関東支部・予測計画評価部会.

资料篇
CFD 模拟精度验证用实验数据库

验证 CFD 模拟结果的精度时，与具有明确边界条件的实验结果进行比较是一种有效方法。针对各种基准测试的风洞实验结果总结如下所示。本书对每个实验的说明仅限于计算所需的必要信息，因此如果您想了解更多详细信息，请参阅引用的参考文献。

使用该实验数据库的基准测试案例 A 至 G 的结果，可参考参考文献 [1，2]。

附表 0.1 显示了验证用数据库的 13 种案例总体情况。

基准测试案例一览

附表 0.1

Case	对象建筑形状等		风向	对象实验、实测	
				使用风速仪	参考文献
A	单体建筑模型	1:1:2 棱柱模型	0°	三维分离式光纤探头（以下简称 SFP）	[3][4]
B		1:4:4 棱柱模型	0°	SFP	[5]
C	建筑群模型	简化建筑群模型	0°，22.5°，45°	SFP、热敏电阻	[6]
D		街区模型	0°，22.5°，45°	热敏电阻	—
E	真实城市模型	新潟模型	16 方位	热敏电阻	—
F		新宿副都心模型	16 方位	热敏电阻（实验）、三杯风速仪（实测）	[7][8]
G	树木模型（实测）	筑地松模型①	0°	超声波风速仪	[9]
H	伴随污染物扩散的单体建筑模型	1:1:2 棱柱模型	0°	SFP、高响应度碳氢化合物浓度计（以下简称 FID）	[10]
I		立方体模型	0°	激光多普勒测速仪（以下简称 LDA）碳氢化合物浓度计	[11][12]

---

① 日本是个多风灾的国家，日本一些地方如出云地区，会在住宅的迎风侧种植抗强风的松树，如黑松等，被称为"筑地松"。——译者注

续表

Case	对象建筑形状等		风向	对象实验、实测	
				使用风速仪	参考文献
J	污染物在非等温流场中扩散的单体建筑模型	1：1：2 棱柱模型	0°	SFP、FID 冷线探头（以下简称 CW）	[12]
K	等温流场中点源污染物扩散的建筑群模型	立方体群街区模型	0°	SFP、FID	—
L	非等温流场中线源污染物扩散的建筑物群模型	立方体群街区模型	0°	SFP、FID、CW	[13]
M	伴随污染物扩散的实际建筑物群模型	东京工艺大学校园模型	1 风向	SFP FID	[14][15]

第1章 单体建筑模型（1：1：2棱柱）

1.1 实验概况

- 实验在清水建设技术研究所进行（详见参考文献[3]）。
- 坐标系和符号如附图 1.1 所示。
- 采用三维分离式光纤探头测量风速三个方向的时间平均值和脉动分量。

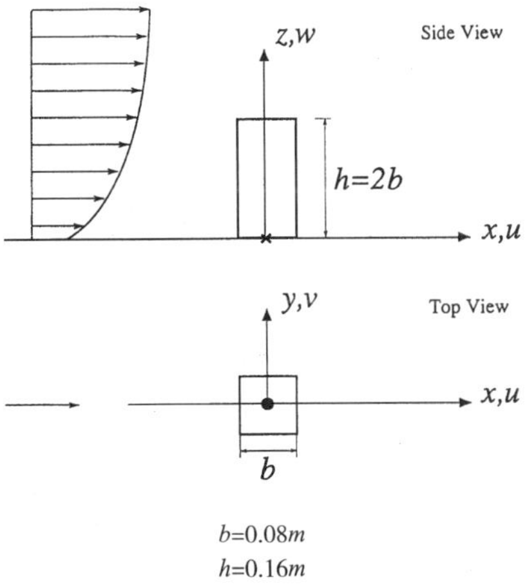

1.2 实验条件

1.2.1 风洞·模型

- 风洞的测量截面为 $13.75b（y）× 11.25b（z）$。其中 $b（=0.08\,\text{m}）$ 为建筑宽度。

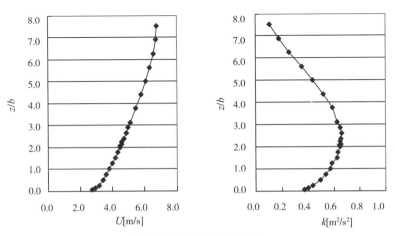

$b=0.08m$
$h=0.16m$

附图 1.1 坐标系及符号[3]

1.2.2 接近流的垂直分布

- 接近流的平均风速（主流方向分量）和湍流动能的垂直分布如附图 1.2 所示。

附图 1.2 接近流的垂直分布

1.3　实验结果

- 实验测量点布置如附图 1.3 所示。各点处均测量平均风速向量的三个分量和湍流标准差的三个分量。

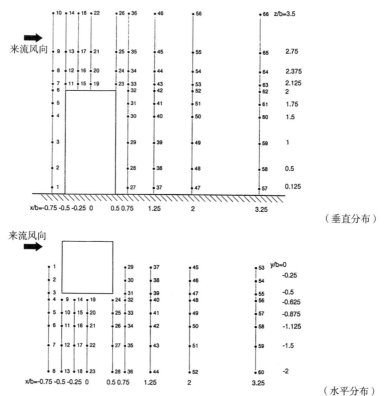

附图 1.3　实验测定线及测点[3]

第 2 章　单体建筑模型（1∶1∶4 棱柱）

2.1　实验概况

- 于新潟工科大学实施边界层流中的 1∶4∶4（深度∶宽度∶高度）棱柱周边流场测量（参照附图 2.1）[5]。
- 用分离式光纤探头测量风速三个方向的时间平均值和脉动分量。

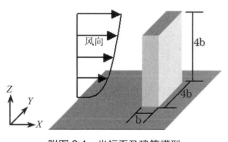

附图 2.1　坐标系及建筑模型

2.2　实验条件

2.2.1　风洞与模型

- 进行实验的风洞截面高（z）1.8m，水平面宽（y）1.8m。
- 建筑物模型尺寸为 $b = 0.05$m（b：建筑宽度），$H = 0.2$m（$=4.0b$）（H：建筑高度），建筑高度处的风速 $U_H = 5.13$m/s。根据 U_H 和 H 求得的 Re 数约为 72000。

2.2.2　接近流的垂直分布

- 接近流的平均风速（主流方向分量）和湍流动能的垂直分布如附图 2.2 所示。

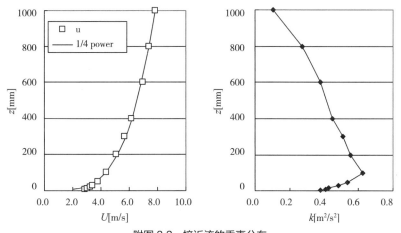

附图 2.2　接近流的垂直分布

2.3　实验结果

- 实验测量点分布如图 2.3 所示。
- 测量平均风速的 3 个分量和每个分量的脉动值。

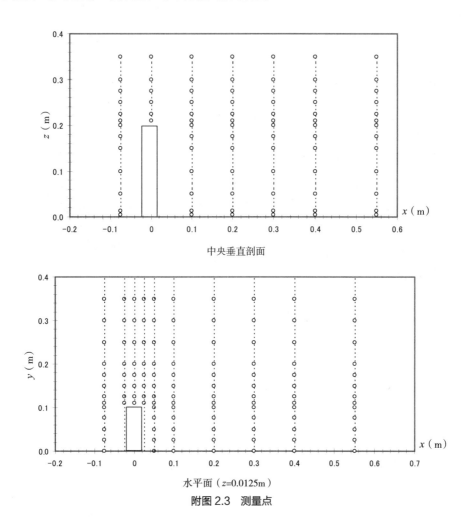

中央垂直剖面

水平面（$z=0.0125$m）

附图 2.3　测量点

第 3 章　简化建筑群模型

3.1　实验概况

- 在 FUJITA 技术中心对设置在边界层流中
  的共 9 栋建筑物（目标建筑物 1 栋，周围
  建筑物 8 栋）的周边气流情况进行了实验
  （参见附图 3.1）[6]。
- 采用热敏电阻风速仪测量标量风速。
- 研究案例如附表 3.1 所示。目标建筑物的
  形状分为"无"、"$H \times D \times D$"和"$2H \times
  D \times D$"三种情况。分别为每种形状设置 0°、22.5°和 45°三种风向。

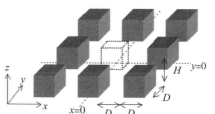

附图 3.1　坐标系及建筑模型

研究案例		附表 3.1
No.	目标建筑物的形状	风向
1	无	0°
2	无	22.5°
3	无	45°
4	$H \times D \times D$	0°
5	$H \times D \times D$	22.5°
6	$H \times D \times D$	45°
7	$2H \times D \times D$	0°
8	$2H \times D \times D$	22.5°
9	$2H \times D \times D$	45°

3.2　实验条件

3.2.1　风洞与模型

- 风洞截面的高度（z）为 1.8m（$= 9.0H$），面宽（y）为 3.0m（$= 15.0H$）。
- 建筑模型尺寸为 $H = 0.2$ m（H 为建筑物一边的长度），建筑物高度处风速为 $U_H = 3.654$m/s，由 U_H 和 H 得到的雷诺数约为 52000。

3.2.2　接近流的垂直分布

● 接近流的平均风速（主流方向分量）和主流方向风速标准差的垂直分布如附图 3.2 所示。

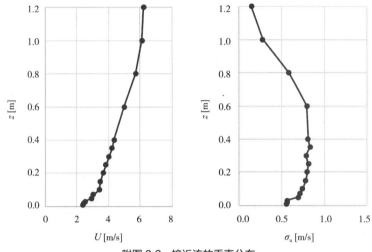

附图 3.2　接近流的垂直分布

3.3　实验结果

● 测量点如附图 3.3 所示。

● 在离地 $z = 0.02$ m（$= 0.1H$）的高度测得标量风速。

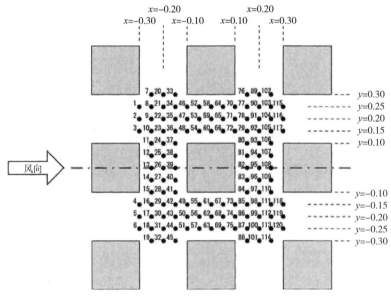

附图 3.3　实验测点分布

第 4 章　街区内的高层建筑模型

4.1　实验概况

- 实验在新潟工科大学进行。
- 街区模型是根据实际尺寸，将平面形状为 40m×40m 正方形、高度为 10m 的简化理想建筑体块进行均匀排布的街区。在街区中心建有一栋 25m×25m×100m（1:1:4）的高层建筑作为研究对象。此外，街区还包含 10m 宽的道路两条和 20m、30m 宽的道路各一条（附图 4.1，附图 4.2）。
- 如附表 4.1 所示，EXP_T 案例采用热敏电阻风速仪测量 3 个风向（0°、22.5°、45°）的标量风速，EXP_S 案例采用分离式光纤探头测量 0° 风向时的各方向分量。每次测量均在相当于地面以上 2m 高度进行。

实验案例　　　　　　　　　　　　　　　　　　　　　　　　附表 4.1

案例名	风速仪	风向
EXP_T	热敏电阻风速仪	0°，22.5°，45°
EXP_S	分离式光纤探头	0°

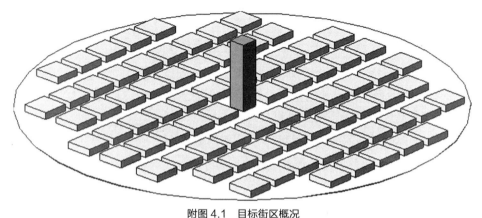

附图 4.1　目标街区概况

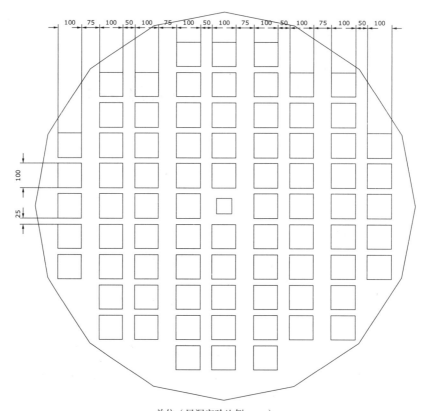

单位（风洞实验比例；mm）

附图 4.2　模型配置

4.2　实验条件

4.2.1　风洞与模型

- 进行实验的风洞横截面尺寸为水平面宽（y）1.8m（$= 7.2H$），垂直高度（z）1.8m（$= 7.2H$）。
- 城市模型的缩尺比例为 1/400，风洞实验模型在直径 1.6m（$=6.4H$）的圆盘上呈现。

4.2.2　接近流的垂直分布

- 中心建筑物高度 H 处的平均风速 U_H 为 6.61m/s。
- 风速分布根据建筑物荷载指南及解说[16]中的粗糙度分类Ⅲ级进行假定。
- 附图 4.3 显示了接近流的平均风速（主流方向分量）和湍流动能的垂直分布。

4.3　实验结果

- 实验的测量点布置如附图 4.4 所示，测量高度换算为实际高度为离地 2m（$=0.02H$）。

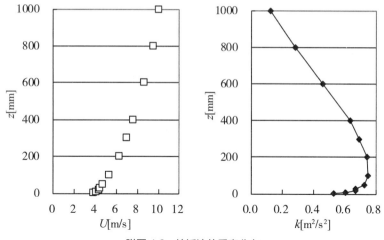

附图 4.3 接近流的垂直分布

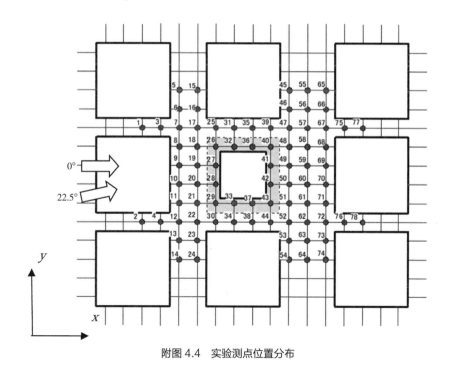

附图 4.4 实验测点位置分布

EXP_S 实验测量 0° 风向时平均风速和湍流的 3 个分量，EXP_T 测量 0°、22.5° 和 45° 风向时的标量风速。

- 附图 4.5 显示了风向 0° 时，用分离式光纤探头测量（EXP_S）得到的风速向量的水平分布。可以看到一股高速气流从中央高层建筑的侧面吹向建筑后方。此外，在建筑物迎风面的街道上，由于中央高层建筑前从上往下吹的影响，气流与来流风向相反。

- 此外，将分离式光纤探头测得的风速三个分量结果合成的标量风速值与热敏电阻风速仪在同样是 0° 风向下的测量结果（EXP_T）进行比较，结果如附图 4.6（1）所示。特别

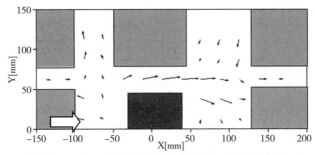

附图 4.5　EXP_S 实验测得风速向量的水平分布（风向 0°）

是在低风速范围，EXP_T 的结果略大，这可能是因为热敏电阻风速计的标量风速平均值中包含了风速脉动成分。

- 在使用分离式光纤探头时，由于可以明确地分离与测量平均风速及脉动分量，所以使用平均风速和湍流动能 k 的测量结果计算修正后的标量风速，与热敏电阻风速仪的结果进行比较，其结果如附图 4.6（2）所示。除 2 个测点（附图 4.4 中的 49 和 59）以外，EXP_T 和 EXP_S 之间的整体对应关系整体得到提高。这 2 个测点差异较大的原因是中央高层建筑后方的周期性变动导致 k 的实验值非常大，因此修正方法存在进一步研究的余地。

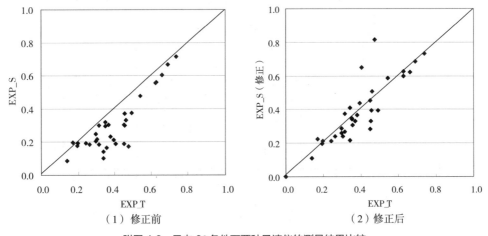

（1）修正前　　　　　　　　　　　（2）修正后

附图 4.6　风向 0° 条件下两种风速仪的测量结果比较

第 5 章　真实城市模型

5.1　实验概况

- 风洞实验在新潟工科大学的边界层风洞中实施。

- 研究对象是新潟市内的信浓川河口附近平坦地形上两层住宅密集的区域。假定在此处建造了一栋高度为 60m 的长方体建筑物（A 栋）和两栋高度为 18m 的建筑物（B 栋和 C 栋），预测评估这些建筑物对周边环境造成的影响。

- A 栋场地的北、东、南三面面向较宽的街道，目标街区现存最高建筑（高 30m）位于东北方约 40m 处。另外，B 栋、C 栋场地的北侧和东侧面临较宽的街道，南侧和西侧则分别与小巷相接，四周环绕着两层低矮建筑。

- 附图 5.1 显示了目标城市街区的风洞模型，附图 5.2 为该模型的 CAD 数据。

- 使用多点热敏电阻风速仪测量相当于离地高 2m 的标量风速。实验在 16 个风向下进行。

（1）建设前　　　　　　　　　　　　　　（2）建设后

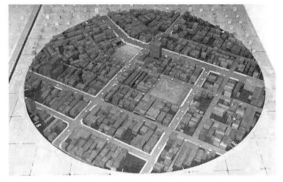

（3）整体模型

附图 5.1　研究对象城市街区模型

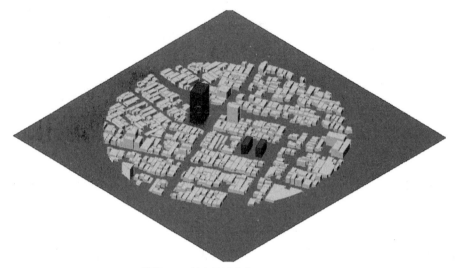

附图 5.2　输入的城市街区 CAD 模型

● 风环境评价所需的风观测数据采用了新潟地方气象台的日最大平均风速观测值（1984年 1 月 ~1993 年 12 月的平均值，测量高度 15.9m）。基于同一数据的各风向威布尔系数见附表 5.1，风玫瑰图见附图 5.3。

新潟地方气象台日最大平均风速观测值的威布尔系数
（1984 年 1 月 ~ 1993 年 12 月平均值，测量高度 15.9m）　　　　附表 5.1

风　向	N	NNE	NE	ENE	E	ESE	SE	SSE
A（a）%	6.13	15.03	9.28	0.44	0.44	0.33	6.05	5.09
C（a）	5.59	5.41	4.54	4.47	0.00	0.00	5.91	4.73
K（a）	3.23	3.16	2.63	4.46	0.00	0.00	3.87	2.72
风　向	S	SSW	SW	WSW	W	WNW	NW	NNW
A（a）%	2.55	2.93	3.81	11.03	14.82	7.04	8.40	6.65
C（a）	4.05	4.24	5.95	7.80	8.34	7.86	8.01	6.81
K（a）	4.58	4.17	2.54	3.72	3.38	3.15	3.23	3.20

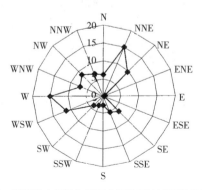

附图 5.3　新潟地方气象台日最大平均风速观测值的风玫瑰图

5.2　实验条件

5.2.1　风洞与模型

- 城市模型缩尺比例为 1/250，风洞实验模型为直径 1.6m（换算成实际尺寸为 400m）的圆形。进行实验的风洞横截面为水平面宽（y）1.8 m（$= 16.0b$），垂直高度（z）1.8m。
- 边界层高度（$Z_R = 1000$mm）的风速 U_R 为 7.8m/s。

5.2.2　接近流的垂直分布

- 接近流的平均风速（主流方向分量）和湍流动能的垂直分布如附图 5.4 所示。该垂直分布采用边界层高度 Z_R 和该高度处的平均风速 U_R 作为参考基准值进行无量纲化。

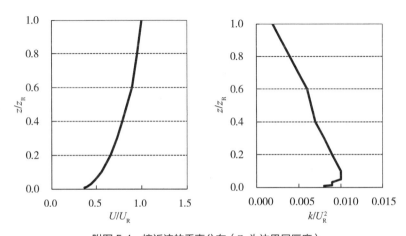

附图 5.4　接近流的垂直分布（Z_R 为边界层厚度）

5.3　实验结果

- 风洞实验的测量点位置如附图 5.5 和附表 5.2 所示。按各风向分别测量了各测点位置离地高 2m（换算为实际尺寸）处建设前和建设后的标量风速。

测量点的坐标（坐标单位为实际尺寸的 m，坐标原点位于模型中心）　　附表 5.2

No.	X	Y	No.	X	Y	No.	X	Y	No.	X	Y
1	−27	112	7	−33.5	57.5	13	−97	19	19	13.5	64.5
2	−93	33	8	−9.5	69	14	−84	22.5	20	50	81.5
3	−88	35	9	7	76.5	15	−65.5	29.5	21	87	97.5
4	−74	40	10	45	94	16	−47.5	36.5	22	−114.5	−8
5	−61	45.5	11	80.5	110	17	−25	47	23	−90.5	8
6	−50.5	49.5	12	−133	21	18	−5	56	24	−56	33

续表

No.	X	Y	No.	X	Y	No.	X	Y	No.	X	Y
25	−51	22	39	−9	−2.5	53	−24.5	−38	67	−10	−59.5
26	−46.5	11	40	6.5	4.5	54	−20	−30.5	68	1	−54
27	−39	16	41	29.5	15	55	−11	−50	69	26	−43
28	−39.5	−4	42	53	26	56	38	5.5	70	46.5	−33.5
29	−32	0	43	67.5	32.5	57	74	22	71	66.5	−24.5
30	−39	−11	44	83	39	58	63	0.5	72	82	−17.5
31	6.5	52	45	120.5	56.5	59	50.5	−22.5	73	98.5	−9.5
32	65.5	74.5	46	−121	−56.5	60	88.5	−6	74	56.5	−54.5
33	73.5	56.5	47	−96.5	−59.5	61	31	0	75	109	−17.5
34	−117.5	−32	48	−77	−59	62	39.5	−20	76	116	−30.5
35	−86.5	−35.5	49	−59.5	−51.5	63	92.5	20	77	5	−94
36	−75	−31.5	50	−45.5	−45	64	100.5	3.5	78	45.5	−86.5
37	−55.5	−23	51	−24.5	−19.5	65	−83	−94	79	81.5	−69.5
38	−26	−10	52	−31	−23.5	66	−49.5	−78.5	80	125	−49.5

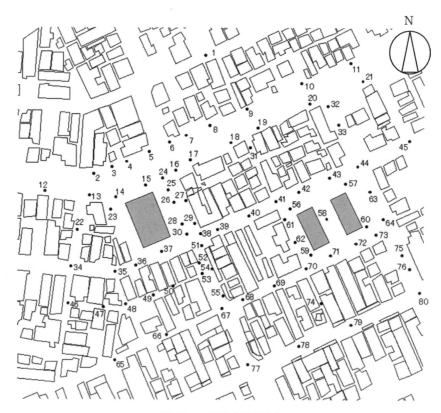

附图 5.5　测量点位置分布

第 6 章　新宿副都心模型

6.1　实验概况

①风洞实验

- 针对新宿副都心区域已经进行了多次风洞实验，这里以藤井等人[7]报告中实验 B 的条件为对象。藤井等人[7]的风洞实验概况如附表 6.1 所示。

风洞实验概况[7]　　　　　　　　　　　　　　　　　　　　　　附表 6.1

模型的制作方法	剖面粗糙度	再现缩尺模型中 1mm 以上的物体
	树木	无
城市街区的复现方法	建模范围（直径）	1600m
	超高层建筑群	京王广场，新宿住友，KDD，新宿三井，安田火灾海上，新宿野村
接近流的垂直分布	平均风速垂直分布的幂指数	$\alpha = 1/4$
	边界层高度	500m
其他	接近流风速	10m/s（相当于 500m 高度）
	平均时间	30s
	模型缩尺比例	1/800
	风向	16 风向
	风速仪	超灵敏度热敏电阻风速仪（含温度补偿修正）
	测量高度	相当于地面 5m，9m，20m

②实测调查[8]

- 在 1975 年 12 月 ~1983 年 11 月实测期间，选择了与风洞实验模型状况一致的 1977 年作为对象年。所用风速仪为三杯式风速仪，测量高度因测量点而异，但一般为离地 3~9m。附图 6.1 为目标城市街区复现区域及实测点分布图。
- 根据 1977 年的观测数据，提取基准风速大于 5m/s 时的实测值，利用各风向的实测平均值计算各测量点与基准风速的风速比。

附图 6.1　城市街区建模区域及测量点

6.2　实验条件

6.2.1　风洞与模型

- 进行实验的风洞横截面尺寸为水平面宽（y）1.55m、垂直高度（z）2.2m。

- 附图 6.2、附图 6.3 为风洞模型概况及风洞实验的建模范围和测量区域。

- 风洞实验和实测的参考风速测量点为：NE~N~NW 风向时为新宿三井大楼（测量高度 237m），其他风向时为 KDD 大楼（测量高度 187m）。

- 关于建筑物形状信息，分别准备了相应的市区和地形的 CAD 数据（附图 6.4）。

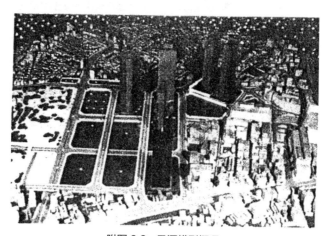

附图 6.2　风洞模型概况

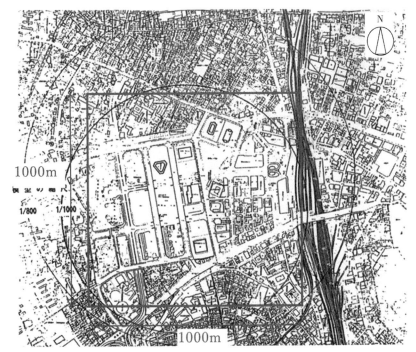

附图 0.3　风洞实验的建模范围及测量区域

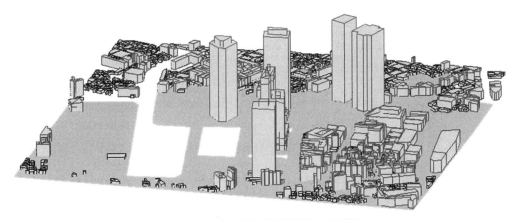

附图 6.4　导入的城市街区及地形 CAD 数据

6.2.2　接近流的垂直分布

• 附图 6.5 显示了风洞实验中接近流的平均风速（主流方向分量）和湍流动能的垂直分布。它由边界层高度 z_R（$= 500\text{m}$）和该高度处的风速 U_R 归一化。湍流动能 k 的垂直分布由附式（6.1）根据主流方向风速标准差的风洞实验值估算。

$$k(z) = \frac{\sigma_u^2(z) + \sigma_v^2(z) + \sigma_w^2(z)}{2} \cong 1.2\sigma_u^2(z) \qquad （附式 6.1）$$

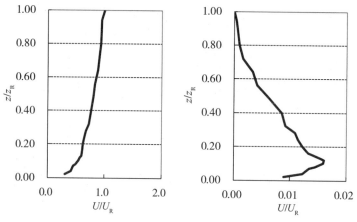

附图 6.5 接近流的垂直分布

6.3 实验结果

● 实验测量点如附图 6.6 和附表 6.2 所示。在每个点测量每个风向（16 个方向）离地 2m 处的标量风速。

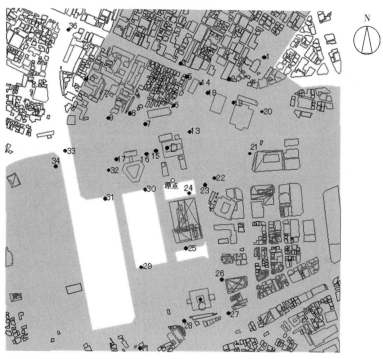

附图 6.6 测量点编号及位置（图中 C、D 点为基准风速测量点）

测量点的坐标　　　　　　　　附表6.2

（坐标值换算为实际比例，单位为 m。原点为测量区域中心，z 为最低地表 0 米高。）

No.	X	Y	Z	No.	X	Y	Z	
1	268.6	364.1	10.0	21	228.1	81.7	10.0	
2	165.4	299.3	10.0	22	124.8	7.6	10.0	
3	20.7	343.4	10.0	23	97.3	−12.9	10.0	
5	40.5	304.1	10.0	24	50.0	−36.9	10.0	
6	1.2	220.3	10.0	25	42.6	−199.4	10.0	
7	−81.9	164.7	10.0	26	148.3	−288.2	10.0	
8	−128.7	194.6	10.0	27	170.0	−387.6	10.0	
9	−195.4	181.0	10.0	28	38.2	−411.1	10.0	
10	−263.7	293.8	10.0	29	−90.3	−255.2	10.0	
11	−93.6	−493.6	10.0	30	−81.4	−27.0	10.0	
13	51.4	143.0	10.0	31	−201.4	−55.2	10.0	
14	81.3	284.7	10.0	32	−191.8	28.4	10.0	
15	−50.2	87.5	10.0	33	−324.4	83.4	10.0	
16	−78.3	77.3	10.0	34	−351.0	37.7	10.0	
17	−169.5	61.2	10.0	36	−317.8	439.2	10.0	
18	101.4	258.3	10.0	C	85.8	−347.1	192.0	KDD
19	178.8	230.8	10.0	D	−17.5	96.0	242.0	新宿三井屋顶
20	263.4	204.3	10.0					

注：请注意缺少编号。

第 7 章　树木模型

7.1　实测概况

- 以黑谷等 [9] 对筑地松防风效果的实测为研究对象。该实测是在岛根县出云平原的簸川郡大社町内的 A 小学操场西端种植的一排黑松为研究对象（附图 7.1）。
- 在移动型观测塔的 1.5，3，4.5，6m 四个高度设置三维超声波风速仪，测量树阵下风向处的平均标量风速和湍流动能（附图 7.2）。

附图 7.1　出云地区的筑地松

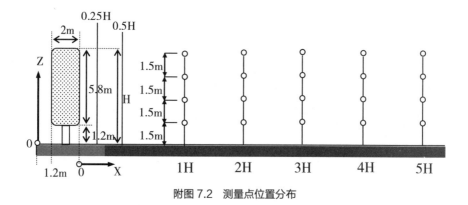

附图 7.2　测量点位置分布

7.2　实测条件

7.2.1　实测对象

- 实测在筑地松修剪前后各进行 2 次，但本数据库中仅以修剪后（遮蔽率 81%）为对象。

7.2.2　接近流的垂直分布

• 接近流的平均风速和湍流动能的垂直分布根据实测结果用附式 7.1~ 附式 7.3 表示。

$$U(z) = U_b \left(\frac{z}{H_b} \right)^{0.22} \qquad \text{（附式 7.1）}$$

$$W(z) = 0 \qquad \text{（附式 7.2）}$$

$$U_b = 5.6 \, [\text{m/s}], \ H_b = 9 \, [\text{m}]$$

$$k = 3.02 \, [\text{m}^2/\text{s}^2] \, （假定为 \text{Constant flux Layer}，垂直方向固定） \qquad \text{（附式 7.3）}$$

第 8 章　伴随污染物扩散的单体建筑模型（1：1：2棱柱）

8.1　实验概况

- 本实验在湍流边界层中设置形状为 1：1：2（深度：宽度：高度）的棱柱，研究从安装在建筑下风向地面的释放口排出的示踪气体在建筑周边形成流场中的扩散特性。
- 实验在东京工艺大学埃菲尔式边界层风洞中进行。虽然该大学的风洞实验数据库[10] 公布了与本实验相同对象的数据，但在编写本指南时，日本建筑学会的验证用基准案例实施工作组再次进行了实验。此处显示的是再次实验的数据。
- 实验对象建筑及气体释放口的布置如附图 8.1 所示。x 轴为主流方向，y 轴水平垂直于主流方向，z 轴为竖直方向。坐标原点位于建筑物下风向的地面、y 轴方向建筑物中轴位置上。

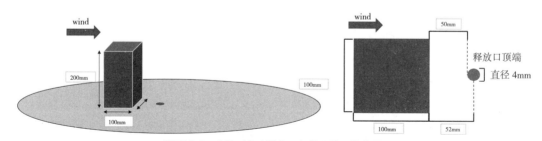

附图 8.1　实验对象建筑物及气体释放口的布置

8.2　实验条件

8.2.1　风洞、模型及示踪气体

- 进行实验的风洞截面尺寸为垂直高度（z）1.0m，水平面宽（y）1.2m。
- 建筑模型尺寸为 $b = 0.1$m（b：建筑宽度），$H = 0.2$m（$= 2.0b$）（H：建筑高度）。建筑高度处的风速为 $U_H = 3.23$ m/s，由 U_H 和 H 得到的 Re 数约为 4.3×10^4。
- 在距离建筑背风面 $0.25H$ 的地面上设置直径 4mm 的示踪气体释放口。
- 使用 100% 浓度的乙烯（C_2H_4）作为示踪气体，从释放口以体积流量 $q = 5.83 \times 10^{-6}$ m³/s 的速率排出。

- 用于无量纲化的参考浓度 $c_0 = q/U_H H^2$ 为 45.2 ppm。

8.2.2 接近流的垂直分布

- 附图 8.2 显示了接近流的平均风速（主流方向分量）和风速分量标准差的垂直分布。

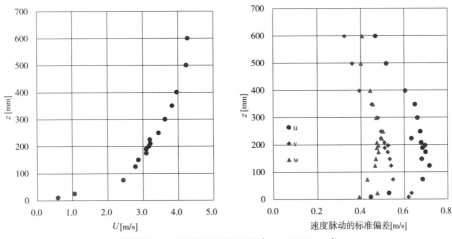

附图 8.2 接近流的垂直分布（$x = -500\text{mm}$）

8.3 实验结果

- 实验的测量点如附图 8.3 所示。
- 使用 SFP 测量风速三个方向分量的平均值和标准差。
- 使用高响应度碳氢化合物浓度计测量浓度的平均值和标准差。

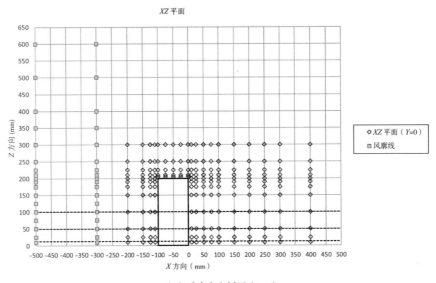

（a）垂直中央剖面（$y=0$）

附图 8.3 测量点位置分布

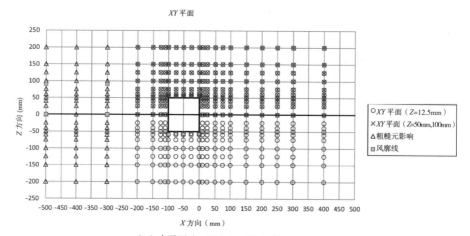

（b）水平面（z=12.5, 50, 100mm）

附图8.3　测量点位置分布（续图）

第 9 章 伴随污染物扩散的单体建筑模型（立方体）

9.1 实验概况

- 本实验在日本产业技术综合研究所（AIST）进行，是用于验证 DiMCFD 模型的风洞实验 [11，12] 的一个案例。
- 接近流采用 1/7 幂法则，污染物排放源采用"屋顶烟源排放：中央"案例。
- 使用激光多普勒风速计（Dantec Dynamics，Fiber flow，BSA F60 Flow Processor）测量风速。以 200 Hz 的频率采样，并取 240s 内的平均值。
- 浓度采用碳氢化合物分析仪（HADA-01，Kimoto Electric）测量。以 1 Hz 的频率采样，并在 120 s 内取平均值。
- 实验概况如附图 9.1 和附图 9.2 所示。

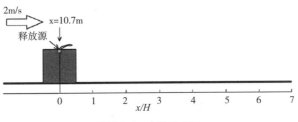

附图 9.1 实验模式图

附图 9.2 实验状况（近藤裕昭提供）

9.2 实验条件

9.2.1 风洞与模型
- 风洞测量段的长度为 20m，横截面为 3.0m×2.0m。
- 模型为边长为 100mm 的正立方体。

9.2.2 接近流的垂直分布
- 平均风速（主流方向分量）的垂直分布遵循 1/7 幂法则。附图 9.3 给出了平均风速 U/U_H（U_H：建筑物高度 H 处接近流的平均风速）和湍流动能 k/U_H^2 的垂直分布。经证实，这种垂直分布在主流方向上几乎没有变化。
- 由 H（0.1m）和 U_H（1.7m/s）定义的雷诺数为 $1.2×10^4$。

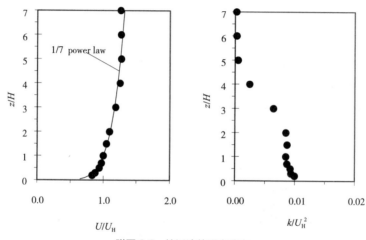

附图 9.3　接近流的垂直分布

9.2.3 气体释放条件
- 气体释放口直径为 6mm。
- 10% 的乙烷以 400 cc/min 的速度释放。排出力矩比（$M = V_e/U_H$）为 0.14（V_e 为排出速度）。

9.3 实验结果

- 分别在单体建筑模型的中央垂直剖面（$y/H = 0$）和建筑中心点高度的水平截面（$z/H = 0.5$）测量平均风速（主流方向分量）和主流方向风速的标准差。
- 在中央垂直剖面（$y/H = 0$）和地表面（$z/H = 0$）测量平均浓度。测量点位置分布如附图 9.4 所示。

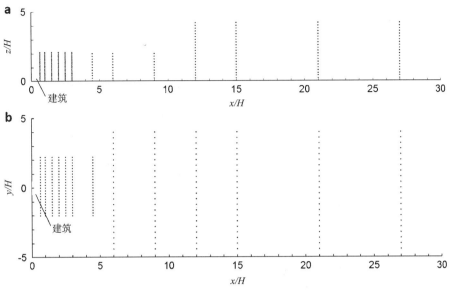

附图 9.4　浓度的测量点分布

第10章 非等温流场中污染物扩散的单体建筑模型（1∶1∶2 棱柱）

10.1 实验概况

- 本实验在湍流边界层中设置形状为 1∶1∶2（深度∶宽度∶高度）的棱柱，研究从安装在建筑物背风侧地面的释放口排出的示踪气体在棱柱周边形成流场中的扩散特性（附图 10.1）。

- 实验在东京工艺大学的温度分层风洞中进行。虽然该大学的风洞实验数据库[10]公布了与本实验相同对象的数据，但在编写本书时，日本建筑学会验证用基准案例实施工作组再次进行了实验。此处显示的是再次实验的数据。

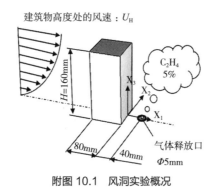

附图 10.1 风洞实验概况

10.2 实验条件

- 进行实验的风洞的截面尺寸为垂直高度（z）1.0m，水平面宽（y）1.2m。

- 建筑物模型的尺寸为 $B = 0.08$ m（B：建筑物宽度），$H = 0.16$ m（$= 2.0B$）（H：建筑物高度）。

- C_2H_4（浓度 5%）用作示踪气体，从距建筑物背风面墙 $0.25H$ 处设置的 $\Phi5$mm 的气体释放口以 $q = 9.17 \times 10^{-6}$ [m^3/s] 的速率释放。气体的平均温度为 30.4℃。

- 各物理量根据建筑物高度 H 及该高度处的平均流入风速 U_H、同一高度处接近流的温度与地表面温度差（绝对值）$\Delta\theta$ 以及参考浓度 $C_0 = C_{gas}q/(U_H H^2)$ 进行无量纲化。

- 从 H 和 U_H 得到的雷诺数约为 1.6×10^4。从 H、U_H、$\Delta\theta$ 和特征温度（从地面到建筑物高度的接近流平均温度）获得的整体理查森数约为 -0.086。

- 测量点如附图 10.2 所示。风速、温度和浓度的平均值及标准差在 1 个垂直剖面（$y/H = 0$）和两个水平截面（$z/H = 0.025$，0.25）上测得。

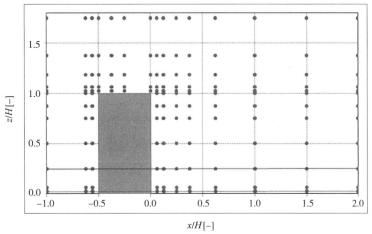

（1）垂直面（y/H=0）

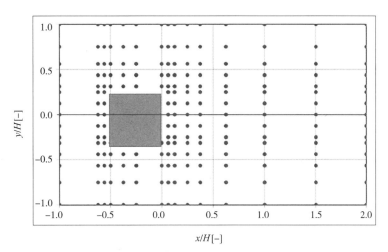

（2）水平面（z/H=0.025, 0.25）

附图 10.2 测量点分布

10.2.1 接近流的垂直分布

- 附图 10.3 显示了接近流各种统计数据的垂直分布。

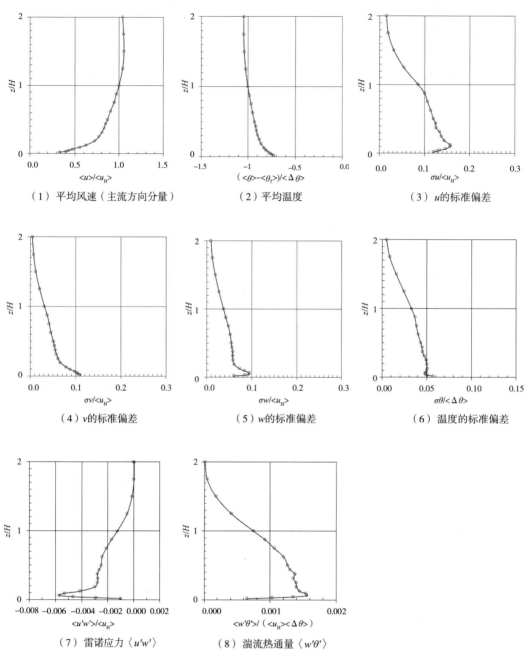

（1）平均风速（主流方向分量）　　　（2）平均温度　　　（3）u 的标准偏差

（4）v 的标准偏差　　　（5）w 的标准偏差　　　（6）温度的标准偏差

（7）雷诺应力 $\langle u'w' \rangle$　　　（8）湍流热通量 $\langle w'\theta' \rangle$

附图 10.3　接近流的垂直方向分布

第 11 章　等温流场中污染物扩散的立方体建筑群街区模型

11.1　实验概况

- 本实验在边界层内设置立方体群形成街区模型的流场，研究在街区模型迎风侧地面设置的释放口所释放的示踪气体的扩散特性。
- 实验在东京工艺大学的埃菲尔式边界层风洞中进行。

11.2　实验条件

- 进行实验的风洞截面高度（z）为 1.0m，宽度（y）为 1.2m。
- 接近流的特性与伴随污染物扩散的单体建筑模型（1 ∶ 1 ∶ 2 棱柱）（案例 H）相同。
- 风速三个分量和浓度的平均值及标准差由 SFP 和 FID 测量。采样频率为 1000 Hz，低通滤波器的截止频率为 200 Hz，测量时间为 60 s。
- C_2H_4（释放口气体浓度 $C_{gas}=1.0$）作为示踪气体，从 $\Phi5mm$ 的气体释放口以 $q=3.6\times10^{-6}[m^3/s]$ 的速率释出。
- 测量点如附图 11.1 所示。各物理量由参考高度 Z_R、参考高度处接近流的平均风速 U_R 和参考浓度 $C_0=C_{gas}q/(U_RZ_R^2)$ 进行无量纲化。

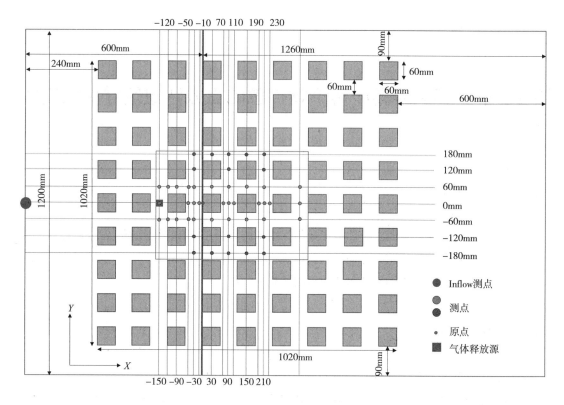

（1）水平面

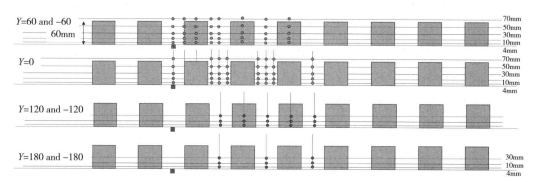

（2）垂直面

附图 11.1　测量点分布

第 12 章　非等温流场中线源污染物扩散的立方体群街区模型

12.1　实验概况

- 本实验在不稳定边界层内设置立方体建筑群形成街区模型流场，研究了从城市街区模型中央地面设置的线性污染源所排放示踪气体的扩散特性。
- 街区模型由 9 行 ×14 列（共 126 个）立方体组成，建筑覆盖率为 25%。
- 实验在东京工艺大学的温度分层风洞中进行，并进行了 LES 的再现模拟[13]。

12.2　实验条件

12.2.1　风洞、模型及示踪气体
- 进行实验的风洞的截面尺寸为垂直高度（z）1.0m，水平面宽（y）1.2m。
- 从迎风面加热冷却板后方 500mm 的位置开始，采用 23 根高 9mm、长 1200mm（风洞面宽）的 L 形角铝以 200mm 的间隔排列作为粗糙体块。在下风向最后一根角铝的后方 140mm 处，按照 9 行 ×14 列（共 126 块）等距（宽、深 =60mm）排列边长为 60mm 的立方体块，作为街区模型（附图 12.1，附图 12.2）。

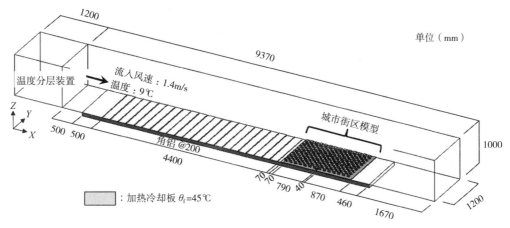

附图 12.1　粗糙体块及街区模型设置状况

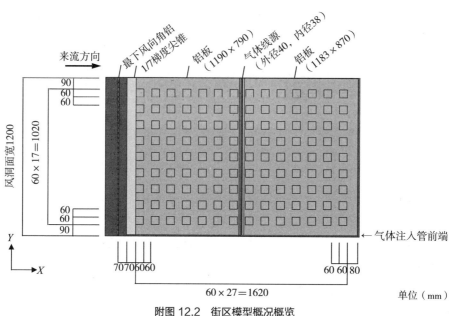

附图 12.2　街区模型概况概览

- 示踪气体排放管（以下简称线源）安装在城市街区建筑模型群中心（从一端开始的第 7 和第 8 列之间）的地面上，浓度 100% 的乙烯（C_2H_4）以 500cc/min 的速率排出。由于埋设排放管，街区模型地面相比风洞地板抬升了 10mm。街区模型的迎风面采用坡度 1/7 的尖锥将风洞地面和街区模型地面平滑连接。

- 将 SFP、CW 和 FID 彼此靠近放置，以同时测量风速、温度和浓度。采样频率为 1000Hz，低通滤波器的截止频率为 200Hz，测量时间为 60s。

- 各物理量根据建筑物高度 H、建筑物高度处的流入风平均风速 U_H、该高度处接近流的温度与地面温度之差（绝对值）$\Delta\theta$、参考浓度 $C_0 = C_{gas}q/(U_H H^2)$ 进行无量纲化。

- 测量点如附图 12.3 所示，在主要道路上高度介于 4~150mm 间设置 8 个测量点，在建筑模型上高 70~150mm 间设置 4 个点，其他区域高度 4~30mm 间设置 3 个点。

12.2.2　接近流的垂直分布

- 附图 12.4 展示了当没有城镇街区模型时流入部分最下风向的 L 形角铝的下风向处 100mm 处测得的各物理量垂直分布。

- 虽然由于埋设排气管而地面上升，但比较地面不上升且不加尖锥（无板）和地面上升且加尖锥（有板）两种情况，结果大体一致。因此，可以认为地面上升且加尖锥对接近流的影响很小。

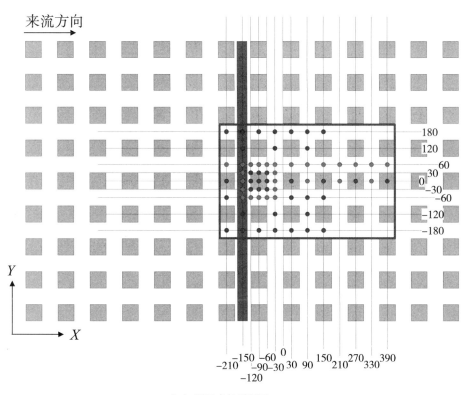

（1）测量点的平面图

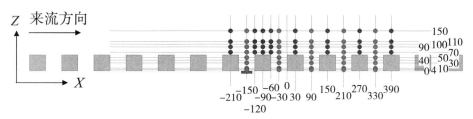

（2）测量点的剖面图（剖面Y=0）

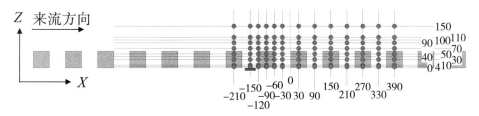

（3）测量点的剖面图（剖面Y=60）

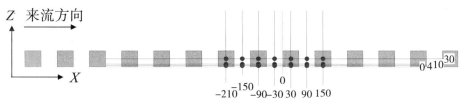

（4）测量点的剖面图（剖面Y=180）　　　单位（mm）

附图 12.3　测量点分布位置

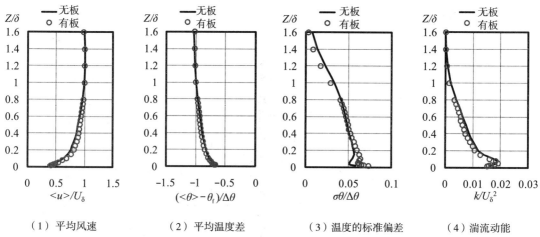

（1）平均风速　　　　　（2）平均温度差　　　　　（3）温度的标准偏差　　　　　（4）湍流动能

附图 12.4　接近流各湍流统计量的垂直分布

第13章 伴随污染物扩散的真实建筑物群（大学校园）模型

13.1 实验概况

- 这是以真实建筑群中污染物扩散为对象实施的风洞实验。在真实的东京工艺大学厚木校区进行了示踪气体扩散的室外实测，同时实施了本风洞实验[14]。

- 除了在东京工艺大学的埃菲尔型边界层风洞中进行了风洞实验外，还使用 LES[15] 进行了数值模拟再现。

13.2 实验条件

13.2.1 风洞、模型及示踪气体

- 开展实验的风洞截面高度（z）为 1.0m，面宽（y）为 1.2m。

- 模型复现了以设定为示踪气体释放点的上述大学校园正门为中心，半径约 300m 的范围（附图 13.1）。模型缩尺比例为 1/600。在模型的迎风面设置了尖锥，以考虑该地区地形的影响。

- 接近流的生成与日本建筑学会《建筑物荷载指南及解说（2015）》[16] 中相当于地面粗糙度分类 Ⅳ 级的平均风速和湍流强度的垂直分布一致。

附图 13.1 实验模型照片

- 使用浓度 100% 的乙烯（C_2H_4）作为示踪气体，从直径 6mm 的释放口以 150cc/min 的体积流量（排出风速 0.09m/s）释放。

- 在与室外实测相同的 15 个点进行浓度测量（附图 13.2）。

- 使用高速碳氢化合物浓度计测量浓度。采样频率为 1000Hz（低通滤波器的截止频率为 200 Hz），每个测点测量 240 秒。

- 浓度测量结果按照 $C^* = C U_R H_R^2/q$ 整理成无量纲浓度。其中，C：测量浓度，H_R：参考高度（＝41m），U_R：参考高度处的风速，q：示踪气体的释放体积流量。

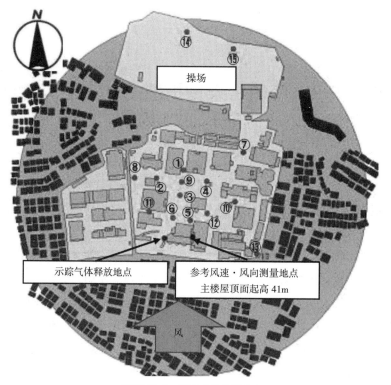

附图 13.2　测量点的位置分布

13.2.2　接近流的垂直分布

- 附图 13.3 显示了接近流各湍流统计量的垂直分布。

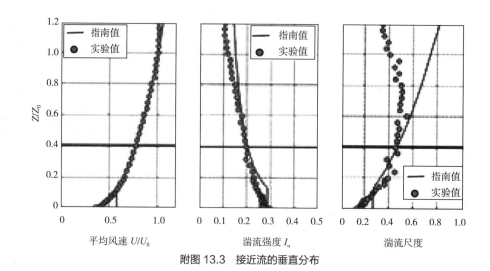

附图 13.3　接近流的垂直分布

参考文献

[1] 日本建築学会, 2007. 市街地風環境予測のための流体数値解析ガイドブック―ガイドラインと検証用データベース―. 日本建築学会.

[2] Architectural Institute of Japan, 2016. AIJ Benchmarks for Validation of CFD Simulations Applied to Pedestrian Wind Environment around Buildings. Architectural Institute of Japan. ISBN978-4-8189-5001-6.

[3] 孟岩, 日比一喜, 1998. 高層建物周辺の流れ場の乱流計測. 日本風工学会誌, 76, 55-64.

[4] Uehara, K., Wakamatsu, S., Ooka, R., 2003. Studies on critical Reynolds number indices for wind-tunnel experiments on flow within urban areas. Bound.-Layer Meteor. 107, 353-370.

[5] 宮崎司, 富永禎秀, 2003. 境界層流中に建つ 4：4：1 モデル周辺気流に関する風洞実験. 日本建築学会北陸支部研究報告集, 201-204.

[6] 野々村善民, 小林信行, 富永禎秀, 持田灯, 2003. 複合建物モデル周辺気流の CFD ベンチマークテスト(その 3) 複合建物を対象とした検証用モデルの風洞実験. 日本風工学会年次研究発表会梗概集, 83-84.

[7] 藤井邦雄, 浅見豊, 岩佐義輝, 深尾康三他, 1978. 新宿新都心地域の風　実測と風洞実験の比較－. 第 5 回構造物の耐風性に関するシンポジウム論文集, 91-98.

[8] 新宿副都心開発協議会・ビル風研究会, 1985. 新宿新都心の風－実測・実験・実態調査－.

[9] 黒谷靖雄, 清田誠良, 小林定教, 2001. 出雲地方の築地松が有する防風効果 その 2. 日本建築学会大会学術講演梗概集 D-2, 745-746.

[10] 東京工芸大学, 風洞実験データベース「Database on Indoor / Outdoor Air Pollution」. http://www.wind.arch.t-kougei.ac.jp/info_center/pollution/pollution.html.

[11] 産業技術総合研究所, 2011. DiMCFD モデル検証のための風洞実験.

[12] 産業技術総合研究所：https://unit.aist.go.jp/emtech-ri/ci/research_result/db/01/db_01.html.

[13] 義江龍一郎, 野村佳祐, 堅田弘大, ジャンゴウイ, 2012.都市街区内の非等温流れ場における汚染物質拡散・熱拡散に関する風洞実験と LES. 第 22 回風工学シンポジウム論文集, 22, 61-66.

[14] 立花卓巳, 田辺剛志, 義江龍一郎, 中山悟, 並木慎一, 宮下康一, 2014. 都市域における屋外実測と風洞実験による汚染物質拡散予測について. 第 23 回風工学シンポジウム, 31-36.

[15] 立花卓巳, 宮下康一, 佐々木亮治, 義江龍一郎, 岸田岳士, 2017. 都市域における汚染物質拡散を対象とした風洞実験と LES 解析の比較検討. 日本建築学会大会学術梗概集（中国）, 41431.

[16] 日本建築学会, 2015. 建築物荷重指針・同解説.